家具用木基防霉材料

林　琳　张　健　高　欣　著

科学出版社

北　京

内 容 简 介

本书是一部研究木材防霉机制及性能改良的专著,可分为两部分:第1~6章主要以纳米 Ag/TiO$_2$ 木基复合材料为研究对象,对纳米 Ag/TiO$_2$ 防霉剂的制备、防霉机理及防霉剂分散改性进行研究,探究超声波辅助浸渍法和真空浸渍法制备纳米 Ag/TiO$_2$ 木基复合材料的工艺及表征,并深入探讨其防霉性能及机理;第7~10章是对防霉剂进行筛选,将其加入三聚氰胺改性脲醛树脂胶黏剂中,并压制防霉中密度纤维板以及探究其物理力学性质,研究各防霉剂对胶黏剂和中密度纤维板性能的影响。

本书内容先进,体系合理,概念清晰,讲解详尽。本书可供材料类专业的高校师生和工程技术人员阅读参考。

图书在版编目(CIP)数据

家具用木基防霉材料 / 林琳,张健,高欣著. —北京:科学出版社,2022.10

ISBN 978-7-03-073126-5

Ⅰ. ①家… Ⅱ. ①林… ②张… ③高 Ⅲ. ①木家具－防霉 Ⅳ. ①TS664.12

中国版本图书馆 CIP 数据核字(2022)第 168789 号

责任编辑:贾 超 李丽娇 / 责任校对:王 瑞
责任印制:吴兆东 / 封面设计:东方人华

科 学 出 版 社 出版

北京东黄城根北街 16 号
邮政编码:100717
http://www.sciencep.com

北京中石油彩色印刷有限责任公司 印刷

科学出版社发行 各地新华书店经销

*

2022 年 10 月第 一 版 开本:720 × 1000 1/16
2022 年 10 月第一次印刷 印张:11 3/4
字数:230 000

定价:98.00 元

(如有印装质量问题,我社负责调换)

前　言

　　木材来源广泛、纹理美观、加工性能优越，自古以来就是家具用材之首选。据统计，我国家具产能占全球市场的 25%以上，已成为全球最大的家具生产国、消费国和出口国。但随着重点国有林区天然林全面商业性禁伐，家具用材的供需矛盾日益突出，通过改性处理实现速生木材在家具领域的高效利用是亟需解决的重大科学问题和关键技术瓶颈。

　　木材在自然环境中易受到霉菌侵袭，降低了使用年限和理化性能。在高温高湿的条件下，木质材料更是极易遭受微生物侵害而发生腐朽霉变等。在适宜的条件下，霉菌能在木材上迅速生长，形成大量致密的霉斑难以清除，霉菌产生的各种酶类能够引起木材变色反应，甚至会导致木材的力学性质受到影响。这不仅影响了木材的使用及装饰功能，随之造成的是严重的经济损失和资源浪费。同时，霉菌还会污染居住环境，更威胁着人类的身体健康和生活质量，长期接触或吸入霉菌及其孢子，会引起过敏症状、呼吸道炎症、皮肤或黏膜疾病，严重的甚至会引发中毒死亡。因此，开发防霉型、抗菌型等功能型人造板有利于增加人造板使用寿命，扩大适用范围，改善人居环境及提高生活品质，是实现人造板可持续发展的有效途径之一。

　　本书第 1~6 章以纳米 Ag/TiO$_2$ 木基复合防霉材料为研究对象，研究了纳米 Ag/TiO$_2$ 的制备方法、防霉性能和分散改性，尝试了超声波辅助浸渍法和真空浸渍法制备纳米 Ag/TiO$_2$ 木基复合材料，开展了纳米 Ag/TiO$_2$ 木基复合材料的表征分析和工艺优化研究，探讨了纳米 Ag/TiO$_2$ 木基复合材料的防霉性能及防霉机理。为今后木材的防霉改性和纳米改性提供了理论依据，对研发防霉型纳米 Ag/TiO$_2$ 木基复合材料具有重要的学术价值，对于促进木材高附加值利用具有重要的生态效益和应用价值。第 7~10 章以开发环保型防霉抗菌中密度纤维板为核心，探究筛选出三种防霉性能较好的防霉剂，将其加入三聚氰胺改性脲醛树脂胶黏剂中，研究各防霉剂及其添加比例对胶黏剂外观、黏度、降解特性等的影响；并压制防霉中密度纤维板，研究各防霉剂对中密度纤维板性能的影响。防霉抗菌中密度纤维板的研发不仅可以满足人们的使用及发展需求，而且其对延长中密度纤维板的使用寿命、保护生态环境、促进人工林低质木材的高效利用、节约资源具有重要的现实意义。

本书编写分工如下：第 1~5 章和第 9 章由林琳编写，第 6~8 章和第 11 章由张健编写，第 10 章由高欣编写，研究生程紫薇、刘芸芳负责图片处理和格式编辑工作。同时感谢国家自然科学基金青年科学基金项目（32001260）和吉林省科技发展计划重点研发项目（20200403023SF）对本书出版的资助。

尽管作者力图在本书中注重系统性、实践性和前沿性，但由于家具用木基防霉材料的研究涉及较多学科，新成果、新应用也层出不穷，同时由于作者水平有限，书中不妥之处在所难免，恳请专家和读者批评指正。

作　者

2022 年 6 月

目　　录

第1章 家具用木基复合防霉材料研究现状

木材是一种天然可再生的生态环保型材料，因其具有天然纹理、强重比大、易加工、可降解等特点，被广泛应用于房屋建筑、家具制造和室内装饰装修领域（李坚，2014）。我国是木材及木制品消费第一大国，但是随着重点国有林区天然林全面商业性禁伐，而普通人工林、速生林木材材质又往往达不到要求，使得我国木材的供需矛盾日益严重，因此，通过物理或化学改性处理实现木材的高效利用成为木材加工行业亟需解决的重大科学问题和关键技术瓶颈（顾炼百，2012）。

木材在自然环境中易受到霉菌侵袭，降低了其使用年限和理化性能。在适宜的条件下，霉菌能在木材上迅速生长，形成大量致密难以清除的霉斑，霉菌产生的各种酶类能够引起木材变色反应，甚至会导致木材的力学性质受到影响（刘一星和赵广杰，2012）。霉菌不仅影响了木材的使用及装饰功能，更威胁着人类的身体健康和生活质量，长期接触或吸入霉菌及其孢子，会引起过敏症状、呼吸道炎症、皮肤或黏膜疾病，严重的甚至引发中毒死亡（马晓蕾等，2012；Kawamura et al.，2000）。

近年来，国家开始关注并推进木结构建筑的发展，使得室外用材需求量激增（刘毅等，2015）。2013 年 1 月颁布的《绿色建筑行动方案》和 2015 年 9 月发布的《促进绿色建材生产和应用行动方案》中指出大力发展木结构建筑，同时加快绿色建材相关技术研发推广。因此，研发绿色、环保、防霉、抗菌性能的室外用材响应时代需求，具有现实意义。部分国内外学者对木材防霉抗菌方面开展了探索性研究，通过物理或化学处理，提高木材防霉抗菌性能，并取得了一定进展（林琳等，2016；Rashvand and Ranjbar，2013；袁光明等，2005；余权英，1996；Conradie and Pizzi，1987）。

1.1 木材霉变

木材是天然植物性材料，具有含水率高、营养物质丰富和结构各向异性等特点，容易受到外界环境侵染而引起霉变（李坚，2014）。木材的霉变是由于霉菌在适宜的温度、湿度、酸度环境下，通过孢子传播感染木材，并且从木材身上汲取营养，进而发芽、产生菌丝继续蔓延繁殖。因此木材的霉变是霉菌、营养因素、环境因素等多方面综合作用的结果（Mmbaga et al.，2016；Riley et al.，2014）。木材霉变的表现如图 1.1 所示。

(a) 原木霉变

(b) 室外用材霉变

(c) 装饰用材霉变

(d) 家具用材霉变

图 1.1　木材霉变

1.1.1　常见霉菌

引起木材霉变的霉菌是一种单细胞真菌的有机体，属于真菌植物门。霉菌借助孢子进行传播、感染、发芽和菌丝蔓延继而繁衍，由于细胞中不含叶绿素，是典型的异养生物，因而霉菌不能利用空气中的 CO_2 和 H_2O 生成营养物质，需要从其他生物有机体或有机物中汲取营养供自身生长和繁殖（王高伟，2012；Schwarze et al.，2012；王志娟，2005；Humphris et al.，2001）。

真菌的种类多达八万种，其中危害木材的真菌有一千多种，最常见的引起木材霉变的有绿色木霉、橘青霉、黑曲霉等，霉菌主要侵害含水率高、营养物质丰富的木材边材，遭到霉变时可见黑色或墨绿色霉斑，降低了木材的装饰性能和使用性能，木材的霉变及变色特征如表 1.1 所示（李坚，2014；刘添娥等，2014）。

表 1.1　木材的霉变及变色（李坚，2014）

颜色	名称和特征	发生位置	起因
浅蓝黑色至铁灰色；暗褐色	青变——呈斑点、条纹，覆盖局部或全部边材	所有商品材树种的锯材和原木	长喙壳、色二孢、芽枝霉等属种带的黑色菌丝

续表

颜色	名称和特征	发生位置	起因
暗褐色至灰色	霉变色——通常是浅色的侵染	所有商品材树种的锯材	靠近木材表面的导管和树脂道内霉菌孢子的繁殖
杂色,绿色为主,一般为黑色	霉——有色真菌出现在木材表面	所有商品材树种的各种产品	木霉、青霉、曲霉等属菌种在木材表面繁殖孢子
灰色、深黄色	色泽鲜明的真菌变色——通常以斑点或小条纹出现,可深入侵染	栎木、桦木、山核桃和槭树的锯材与原木;南方松和美国枫香的锯材与原木	散枝青霉的可溶性色素

1.1.2　木材霉变条件

影响霉菌的生长有营养因素和环境因素。营养因素包括碳源、氮源、维生素和矿物质等,环境因素包括水分、温度、空气、酸度等,只有符合营养因素和环境因素的条件,木材才会产生霉变。

1. 营养

木材主要由纤维素、半纤维素和木质素组成,同时还包含淀粉、脂肪、低聚糖、无机盐等物质。霉菌和变色菌以木材细胞腔内含物如淀粉和其他一些糖类为碳源,主要生长在木材表面,对木材的力学性能一般不起破坏作用,腐朽菌以细胞壁为碳源,木腐菌与细胞壁接触分泌可分解高聚糖及木质素的酶,溶穿细胞壁而繁殖(Mmbaga et al.,2016;杜海慧等,2013;眭亚萍,2008)。同时,木材中的微量物质能为霉菌生长提供必要的氮源、维生素和矿物质(Riley et al.,2014;Tuor et al.,1995)。

2. 水分

水分是微生物生命活动的条件,是构成微生物有机体的重要组成部分,也是霉菌吸收木材营养的媒介(李坚,2014)。霉菌的生长需要较高的湿度,最适合曲霉繁殖的湿度为70%,青霉为80%,毛霉为90%,根霉为85%,而多数霉菌可以在木材含水率为35%~60%的情况下生长,如果木材含水率低于20%,或者含水率达到100%,均可抑制霉菌的发育(Zhao et al.,2008;杨建卿等,2006)。

3. 温度

霉菌的适宜生长温度是20~40℃,其中曲霉的最适温度是25~37℃,青霉是20℃左右,毛霉是20~25℃,根霉是30~37℃,当温度在45℃以上或低于10℃

时，会抑制霉菌的生长发育。霉菌耐寒不耐热，木材在 50℃ 热处理 24 h 或在 63℃ 热处理 3 h，均可杀灭菌源，但在低温条件下可长期存活，在 0℃ 条件下霉菌的孢子可长期储存。紫外线和 X 射线均不能杀死霉菌（许大凤，2005）。

4. 氧气

绝大多数霉菌为好氧型，需要氧气进行呼吸作用，只有在有氧气的情况下才能生长（沈萍和陈向东，2016）。霉菌的需氧量很少，霉菌生长的最低氧气含量为 1%，在完全无氧状态下仅能生存 2~3 d，因此储存木材时可将木材浸于水中隔绝氧气避免霉变（李坚，2014）。

5. 酸度

多数感染木材的霉菌适于在弱酸性介质中繁殖和生长，如黑曲霉的最适 pH 为 4，橘青霉为 6，黄曲霉为 5，指状青霉为 5.5，黑根霉为 4（冉隆贤等，1997）。而大部分木材的 pH 在 4~6.5 之间，为霉菌的生长与繁殖提供了寄生条件（龚蒙，1995）。

1.2　木材防霉方式

1.2.1　物理法

1. 减少营养源

以减少营养源为原理的防霉方法包括水浸法和高温炭化法。水浸法是将新鲜的木材在活水或流水中浸渍存放一段时间，使木材中的可溶性糖等营养物质溶出，同时也可使已有霉菌缺氧死亡，进而达到防霉效果（崔爱玲，2013；周明明，2012）。高温炭化法不仅能使木材外表面迅速干燥并炭化，降低了木材的吸湿性，并且在炭化过程中产生的游离乙酸，使营养物质减少，表面淀粉或其他糖类被分解，抽提物汽化排出（范慧青，2014；苏文强，2008）。

2. 隔离处理

隔离防霉是指将木材表面保护起来，阻止其与霉菌、空气、水分直接接触，破坏霉菌生存条件，防止霉菌侵染，主要方法有烟熏和涂刷（王蓓，2015）。烟熏法是用烟熏烤木材，其表面会形成一层碳质保护膜，使木材与外界隔绝，并且降低了木材的含水率。涂刷法历史悠久，比如我国工匠曾用大漆、桐油等对木制品表面进行涂饰以延缓微生物的侵害（苏文强，2008）。

3. 杀灭霉菌

对木材进行高温处理不仅可以杀死木材中的霉菌，也可以降低含水率，高温处理的方法包括干燥、烘烤、曝晒、蒸煮、远红外加热、微波加热等，其中微波法是通过微波的热效应和非热效应杀死微生物（眭亚萍，2008；程文正和叶宇煌，1999）。

1.2.2 化学法

1. 防霉剂处理法

防霉剂处理法是采用具有防霉效果的化学药剂处理木材，将防霉剂负载于木材上的方法，包括大气处理法和压力处理法（张英杰，2009）。大气处理法包括扩散法和冷热槽法。扩散法的原理是根据分子从高浓度向低浓度扩散的扩散定律，使防霉剂从木材外表层扩散到木材内部。由于木材中的水分是防霉剂的扩散媒介，因此使用该种方法时，木材含水率要达到 40%～50%，甚至 50%以上（王敏，2012）。冷热槽法是将木材先后放入热防霉剂或冷防霉剂中，利用空气膨胀收缩产生的正负压力使防霉剂浸入木材，但该法生产率较低。压力处理方法根据施压操作不同分为满细胞法、空细胞法、半空细胞法等，都是利用真空、加压、大气压产生的压力差使药剂充分浸入木材。此外，还包括振荡压力法、脉冲法、高压树液置换法、多相压力法等（Hudson，1968）。

2. 木材改性法

木材改性已成为一种新型木材防霉方式，通过改变木材的成分或结构提高木材性能。常用改性方法有木材乙酰化、树脂化、醚化等（Kumar，1994；Kiguchi and Yamamoto，1992）。乙酰化是将乙酸酐与木材反应，使乙酰基替换木材的亲水羟基，降低木材的吸湿性能，提高防霉抗菌性能（游朝群等，2012；刘正添和邢善湘，1991；王婉华等，1982）。树脂化是将有机单体注入木材，并在热处理、酸处理、辐射处理的作用下聚合，形成不溶的高分子化合物，使木材具有较好的防霉性能且不易流失（何莉，2012；蒋明亮，2001）。醚化是使环氧化合物与木材的亲水羟基反应，形成醚键，降低木材的吸湿性（万晓巧，2014；张彰等，2009；刘正宇，1998）。

1.3 木材防霉剂种类

常见的木材防霉剂包括油载型防霉剂、水载型防霉剂、天然防霉剂、纳米防霉剂等四大类。

1.3.1 油载型防霉剂

油载型防霉剂又称有机溶剂防霉剂，包括五氯苯酚、百菌清、有机锡、环烷酸铜、异噻唑酮等。油载型防霉剂处理后的木材具有优异的防霉防腐性、抗流失性、尺寸稳定性、表面胶合性，但成本较高且对人畜的危害较大，在许多国家已经被禁止使用（Blunden and Hill，1988）。油载型防霉剂中应用最为广泛的为五氯苯酚，但研究表明五氯苯酚中含有微量的多氯代二苯并-p-二噁英，对哺乳动物有剧毒，并有致癌作用，这种防霉剂正在逐渐被其他防霉剂代替（Hall et al.，1984）。

1.3.2 水载型防霉剂

水载型防霉剂按有效成分划分为砷铬水载防霉剂、铜系水载防霉剂、三唑类水载防霉剂等（倪洁等，2016；曹金珍，2006）。在 21 世纪前，砷铬水载防霉剂是应用最为广泛的防霉剂之一，按组分不同分为 CCA（铬砷酸铜）、ACC（酸性铬酸铜）、ACA（氨溶砷酸铜）、ACZA（氨溶砷酸锌铜）、CCB（加铬硼酸铜），但由于所含的砷和铬危害环境及人体健康而被很多国家禁止使用（李玉栋，2002；Andersson et al.，2003）。铜系水载防霉剂主要有效成分为季铵铜和铜唑，铜系水载防霉剂具有高效、价廉、环境危害较低的特点，季铵盐与铜的配合物复配，抗菌效果优于五氯酚钠和三唑酮（方桂珍和任世学，2002）。三唑类抗菌剂具有对人畜低毒、成本低廉、广谱性等特点，对腐朽菌效果显著，但对霉菌效果较差，在使用时可以通过复配其他高效防霉剂达到防霉效果。以己唑醇衍生物、戊唑醇衍生物、氯菊酯复配制备木材防霉剂，对黑曲霉、彩绒革盖菌、密褐褶菌具有良好的抗菌活性（倪洁等，2016）。

由于水载型防霉剂的有效成分溶于水，在湿度大的环境下应用会造成防霉剂流失，降低了防霉性能的同时对土壤、水资源产生污染。通过窑干、蒸汽、液体加热、电磁能等辅助处理方式在一定程度上可以提高水载型防霉剂的抗流失性能（于丽丽和曹金珍，2007；Cao and Kamdem，2004；Fang et al，2001；Conradie and Pizzi，1987；Peek and Willeitner，1981）。

1.3.3 天然防霉剂

天然防霉剂是从天然物质中提取的具有防霉功能的活性物质，在木材防霉方面应用的有木材提取物、竹醋、中草药等。部分木材自身的天然化学成分具有抵御微生物侵害的功效，例如将漆树、柚木、北美圆柏、塞浦路斯松、长白落叶松等木材的木质部、树皮、根茎叶提取物作为抗菌剂具有一定的抗菌效果（Eller et al.，2010；Sen et al.，2009；杨冬梅等，2006）。以松香为原料制备的松香胺类、松香季铵盐衍生物、松香咪唑啉衍生物对黑曲霉、宛氏拟青霉、彩绒革盖菌和密褐褶菌均有抑制作用（Li J et al.，2010；Li S Y et al.，2010；韩世岩等，2009；龚敏等，2006；石顺存等，2005）。中草药制剂如陈皮、艾叶、藿香、蛇床子、苦参、黄连、连翘、百部、地肤子等对菌体蛋白和呼吸代谢有抑制效果（刘添娥等，2014；李雪琦，2012）。不过天然防霉抗菌剂大多具有耐热性差、稳定性差、成本高的缺陷，需在其基础上进行改良和复配。邸向辉（2014）以印楝种子为原料提取活性物质并复配三聚氰胺改性脲酸树脂制备微胶囊，该抗菌剂具有良好的抗菌效果，最低抗菌浓度为 0.02 g/mL。竹醋原液及其与氨基甲酸酯类、硼酸盐化合物、硼酸和硫酸铜等试剂复配，对黑曲霉、绿色木霉和橘青霉的抑菌率达到 99%（沈哲红等，2010）。壳聚糖是一种天然碱性高分子多糖，研究表明，壳聚糖-铜配合物和壳聚糖-锌配合物对毛竹的防霉性能高于百菌清（Rashvand and Ranjbar，2013；Yeh et al.，2008）。

1.3.4　纳米防霉剂

近年来，以纳米技术为核心的木材防霉防腐研究受到广泛关注，纳米防霉剂是一种环境友好型防霉试剂，具有耐久、稳定、抗流失、防潮、渗透性好等特点。纳米防霉剂的种类很多，其中最常见的是钛、铜、银、锌等金属无机纳米防霉剂，防霉机理主要包括接触反应、活性氧反应和光触媒氧化分解反应（郑兴国和钟杰，2008）。TiO_2 是一种 N 型半导体催化剂，在紫外光环境下具有极强的抗菌功能，采用溶胶-凝胶法、水热法、提拉浸渍法等方式制备的纳米 TiO_2 木基复合材料，对大肠埃希菌、金黄色葡萄球菌、鼠伤寒沙门菌及枯草杆菌具有广谱抗菌效果（Devi et al.，2013；黄素涌等，2011；叶江华，2006）。纳米 ZnO 为宽禁带半导体材料，防霉抗菌性能优良，利用纳米 ZnO 对木材直接进行改性或对木粉改性后制成木塑材料均能显著提高其防霉抗菌性能（Dong et al.，2017；Bazant et al.，2014；Azizi et al.，2013）。纳米 Ag 是一种广谱、高效的新型抗菌剂，使用微量的纳米 Ag 即可得到很好的防霉效果（刘文静，2015；Liu and Zhao et al.，2015；Lin et al.，2014）。纳米 Ag 与其他金属纳米抗菌剂掺杂而产生的协同效应和催化效应，能够进一步提高防霉抗菌性能（高鹤等，2016；李雨爽等，2016；杨靖等，2014）。

1.4 金属无机纳米材料在木材防霉抗菌领域研究现状

1.4.1 纳米 TiO₂

纳米 TiO₂ 因具有化学性质稳定、催化活性高、氧化能力强、成本低、环境友好等特点，近年来成为木材防霉抗菌领域研究的热点之一。TiO₂ 的晶体结构包括锐钛矿型、金红石型、板钛矿型三种（王玉光，2012）。其中金红石相 TiO₂ 晶体最为稳定，但光催化活性非常低；板钛矿相 TiO₂ 晶体结构最不稳定，经过加热处理产生不可逆的反应最终成为金红石相。锐钛矿相 TiO₂ 晶体光催化活性高，禁带宽度为 3.2 eV，当紫外光照射 TiO₂ 时，价带的电子跃迁到导带，在导带上产生带负电的高活性电子（e⁻），在价带上留下带正电荷的空穴（h⁺），形成了电子-空穴对，原理如图 1.2 所示。一般情况是，吸附在 TiO₂ 表面的水和氧提供电子以还原电子受体（路径 C），空穴迁移至表面氧化物质而获得电子（路径 D），还有部分电子和空穴在粒子表面或内部脱激复合（路径 A、路径 B）。

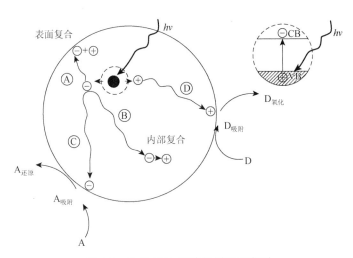

图 1.2　纳米 TiO₂ 光催化原理示意图

TiO₂ 在紫外光照射下产生的活性羟基（由空气中水分子产生）和超氧离子可以与细菌或真菌的细胞壁、细胞膜及细胞内成分发生生化反应，起到灭菌和抑菌效应，同时还能矿化细菌营养物质和分解细胞残体，实现自清洁，因此 TiO₂ 作为抗菌剂具有广谱、高效、长效、环境友好的特点（Angela and Cesar，2004；Akira et al.，2000）。研究表明，以潮湿的桐木为基材负载纳米 TiO₂，在 UVA（365 nm）照射下，没有菌丝和菌斑产生（Feng et al.，2009）。以抽提方式将纳米 TiO₂ 水分散液注入木材，对金黄色葡萄球菌的抗菌率大于 90.36%，对大肠埃希菌的抗菌率大于 94.52%（叶江华，2006）。采用溶胶-凝胶法和微波辅助液相沉积法，制备的木材/TiO_2 复合材料，在不同光源条件下，抗菌率均能达到 80% 以上，其中紫外光和高压汞灯条件下能达到 99.99%，对大肠埃希菌、金黄色葡萄球菌、鼠伤寒沙门菌及枯草杆菌的抗菌率均在 89% 以上，且未随时间延长而明显减弱，说明纳米 TiO_2 具有广谱长效的抗菌效果，抗菌效果和光源有关（黄素涌等，2011）。

此外，纳米 TiO_2 与其他材料（纳米 Ag、纳米 ZnO）掺杂而产生的协同效应和催化效应，能够进一步提高其防霉抗菌性能。将纳米 TiO_2、纳米 Ag/TiO_2 添加到三聚氰胺甲醛树脂中再浸渍薄木，在无光照的条件下，载银纳米 TiO_2 的抗菌性能达到 II 级。这是由于纳米 Ag 作为浅势阱捕获光生电子，延长光生载流子寿命，提高光催化活性，同时纳米 Ag 本身具有很好的抗菌性能，与纳米 TiO_2 具有协同作用（唐朝发等，2015）。采用两步法制备的纳米 TiO_2/ZnO 二元负载木材，其抗菌效果优于单一纳米材料负载木材，这是由于负载 ZnO 后的 TiO_2 禁带宽度从 3.20 eV 减小到 3.06 eV，带隙的减小使价带上的电子更易激发到导带上，光催化活性增强，使得抗菌性提升（高鹤等，2016）。但是，纳米 TiO_2 比表面积大，易于团聚，团聚后颗粒增大，会严重影响防霉抗菌效果，可以通过添加分散剂和偶联剂的方法，提高 TiO_2 在溶液中的分散性（周腊，2015；王敏，2012）。

1.4.2　纳米 ZnO

纳米 ZnO 为宽禁带半导体材料，禁带宽度为 3.37 eV，包括纤锌矿、闪锌矿和岩盐矿三种晶体结构（王海影，2016；Ekthammathat et al.，2013；Kiomarsipour and Razavi，2013）。纳米 ZnO 的抗菌机理主要是光催化作用和溶出离子抗菌作用。纳米 ZnO 防霉抗菌性能优良，采用溶剂热法制备的球形氧化锌对金黄色葡萄球菌和大肠埃希菌的抑菌圈直径大于 90 mm（吴疑，2013）。采用通过 PMAA 和硅烷偶联剂对纳米 ZnO 表面进行改性并添加于涂料中，当添加量为 12% 时，对大肠埃希菌的抗菌率达到 78%（唐二军，2005）。利用 ZnO 改性木粉制备的木塑复合材料能显著提高抗菌性能，可作为学校、医院等公共场所的抗菌室内装饰材料（Bazant et al.，2014）；采用水热法、溶胶-凝胶法等方式将 ZnO 的前驱体引入木材内部原位生成 ZnO 制备的纳米 ZnO 木基复合材料也具有优异的抗菌防霉效果（Dong et al.，2017；Azizi et al.，2013）。

1.4.3　纳米 CuO

铜是很多传统防霉剂的主要有效成分，在木材保护领域应用广泛，一方面是由于部分真菌的酶在铜的干扰下易产生变性，另一方面是由于铜可以有效破坏细胞膜（Kartal et al.，2009；Gadd，1993）。采用直接沉淀法制备纳米氧化铜，并对黑曲霉、宛氏拟青霉、彩绒革盖菌、密褐褶菌进行抗菌测试，当防腐剂浓度达到3.2%时，抑菌效果明显（王佳贺等，2013）。然而某些真菌对铜具有高度耐受性，只依靠铜系防霉剂难以达到广谱抑菌效果，可将铜系防霉剂与其他防霉剂复合使用。以纳米 ZnO 复配纳米 CuO 制备纳米复合防霉剂，其抗菌效果高于单方防霉剂和非纳米级复合防霉剂（许民等，2014）。

1.4.4 纳米 Ag

纳米 Ag 是一种广谱、高效的新型抗菌剂，目前对纳米 Ag 的抗菌机理无明确定论，其中接触反应和活性氧反应被普遍接受。接触反应是指金属银与细菌接触，破坏细胞结构，使细菌内容物流出。活性氧反应是指纳米 Ag 表面还原电势高，可以使周围产生活性氧，起到杀菌作用（Wang et al.，2016；薄丽丽，2008；Chen and Schluesener，2008；Lok et al.，2007；程华月等，2004）。

纳米 Ag 可单独作为抗菌剂使用，在木材及木材液化物活性碳纤维上负载纳米 Ag，抗菌率可达 99.95%（刘文静，2015；Liu and Zhao，2015）。与其他材料复合使用而产生协同效应能进一步提升抗菌效果（Gao et al.，2016）。使用壳聚糖 -Ag 配合物对杨木进行改性，改性后试材对绿色木霉和黑曲霉的防治效力均达到 100%（李雨爽等，2016）。Ag-TiO$_2$ 纳米复合材料表现出十分优异的抗菌性能，且对革兰氏阴性菌抗菌效果更加明显（杨靖等，2014）。

1.5 纳米 TiO$_2$ 改性木材研究现状

1.5.1 耐光老化性

木材的光变色是指暴露于自然环境中的木材，在太阳光辐射及湿度、温度等环境因素的共同影响下，其表面发生光氧化反应，导致木材表面颜色发生变化的现象（刘毅，2015）。而纳米 TiO$_2$ 具有较强的紫外线屏蔽性能，能使木材表面颜色得到防护。

一方面，纳米 TiO$_2$ 在紫外光照射下会产生电子-空穴对并重新复合，使光能转换为热能或其他形式散发掉，从而对木（竹）材表面颜色起到保护作用，提高木（竹）材颜色的稳定性（王小青等，2009）。实验表明，采用溶胶-凝胶法通过浸渍提拉的方式在竹材表面生成锐钛矿型纳米 TiO_2 颗粒，随着提拉浸渍负载次数的增多，竹材的抗光变色能力增强（江泽慧等，2010）。另一方面，纳米 TiO_2 颗粒折射率较大，具有散射紫外光的能力，能够提高木材的耐光性（Nelson and Deng，2008；Xue et al.，2008；Abidi et al.，2007）。研究表明，低温条件下用四异丙氧基钛与硝酸反应制备钛溶胶，采用溶胶-凝胶法在竹材表面生成无定形态的纳米 TiO_2 薄膜，经光老化试验后，改性试样的明度 ΔL^*、红绿色品指数 Δa^*、黄蓝色品指数 Δb^* 的变化量为未改性试样的 1/40、1/62、1/18（余雁等，2009）。但是，纳米 TiO_2 溶液浓度过高，反而会降低耐光性能，这是由于溶胶浓度增加，纳米颗粒易于团聚，减弱了散射紫外光的能力（常焕君，2015）。

1.5.2　防潮疏水性

木材中的水分按来源分为自由水、吸着水和化学水，其中自由水存在于木材内大毛细管系统内，影响着木材的质量和燃烧性能，吸着水存在于微毛细管系统中，影响着木材的尺寸稳定性，这主要取决于木材纤维素和半纤维素上的羟基（—OH）对水分子的氢键作用（宋琳莹，2008）。而纳米 TiO_2 表面存在的羟基能与木材上的游离羟基形成化学键、氢键，进而提高木材的疏水性能（Rassam et al.，2012；Shabir et al.，2012）。具体讲，当 TiO_2 尺寸达到纳米级时，TiO_2 能够进入木材细胞腔，从而阻止水分进入木材内部。当尺寸小于 5 nm 时，纳米 TiO_2 能够进入细胞壁并填补细胞壁管孔，提高了木材的防潮性能（Wang et al.，2012）。研究表明，采用溶胶-凝胶法制备的 TiO_2/木材复合材料，生成的纳米 TiO_2 填充于细胞壁和细胞腔内，并呈现相互交织的结构，使木材吸湿量下降 2%（Hübert et al.，2010）。采用助溶剂可控水热法在木材表面生成纳米 TiO_2 镀膜，木材吸水量显著减少（Sun et al.，2010b）。

然而，纳米 TiO_2 在紫外光辐射下，其亲水性和疏水性也会发生变化。为了使木材获得更稳定的疏水性能，可先在木材表面构建纳米级粗糙的结构，再在粗糙几何表面上修饰十二烷基硫酸钠、十七氟癸基三甲氧基硅烷等低表面能物质，使木材表面呈疏水性，最大限度地避免木材表面与水分的接触（张霞等，2005；Ball，1999）。在杨木表面镀 TiO_2 薄膜，再用阴离子表面活性剂十二烷基硫酸钠修饰，水珠在改性后试样上的滚动接触角小于 10°，静态水接触角达到 154°，形成超疏水表面（Sun et al.，2011）。若在前驱体中加入十二烷基硫酸钠，采用水热法处理木材后生成的 TiO_2 晶粒尺寸更小，负载区域更密集，材料防潮性更好，经冷水浸泡后，复合材料的质量变化量下降 48.8%，体积变化量下降 24.3%，尺寸稳定性变化量提高 24%（毛丽婷等，2015）。

1.5.3 阻燃性

纳米 TiO_2 改性木材可以提高木材的阻燃性能。一方面，纳米 TiO_2 在木材表面能够形成连续保护膜，减少了暴露在环境中木材的面积；另一方面，纳米 TiO_2 在木材内部的细胞腔和细胞壁中沉积，阻碍 O_2 的进入和热量的传导。实验表明，利用载银纳米 TiO_2 对马尾松和毛竹进行浸渍处理，复合材料较素材点燃时间滞后 4 s，且质量损失率峰值出现时间滞后（杨优优等，2012）。用 TBOT 制备溶胶并加入十二烷基硫酸钠改性木材，改性后木材的燃烧时间为未改性木材的 2 倍，同时燃烧的烟释放量、CO 和 CO_2 均有大幅减少，甚至可达到无烟程度（Sun et al.，2010a）。同时，纳米 TiO_2 在燃烧时还起到促进成炭以及稳定残炭的作用。例如，采用水热法得到的 TiO_2/木材复合材料，当燃烧温度为 750℃时，改性木材的残炭率为 20%，木材热失重率提高 5.4%，氧指数提高 24.2%（毛丽婷等，2015）。这是由于形成的炭层导热性差，可以反射热量，阻止热量向木材内部传导，使得木材的燃烧氧指数升高，热释放速率降低，燃烧时间延长（孙庆丰，2012）。

1.6 木基纳米复合材料研究现状

1.6.1 木材的纳米尺度

木材是一种不溶不熔的天然多孔高聚物复合材料，其特有的蜂窝状结构为木质复合材料的制备提供了空间，木材的孔隙按照其大小分为宏观孔隙、介观孔隙和微观孔隙（袁光明等，2005；余权英，1996）。宏观孔隙指肉眼可见的孔隙，如阔叶材导管、针叶材管胞、木纤维细胞、树脂道等。微观孔隙是以分子链断面数量级为最大起点的孔隙。介观孔隙处于宏观孔隙与微观孔隙之间，也称为纳米孔隙，主要存在于细胞壁中，包括具缘纹孔塞缘小孔、单纹孔纹孔膜小孔、细胞壁孔隙、微纤丝间隙等（王哲和王喜明，2014；赵广杰，2002）。由于木材中存在纳米孔隙，因此木材本身具有容纳和固定纳米粒子的能力，同时纳米孔隙有极大的比表面积，吸附能力强，为制备木基纳米复合材料奠定了基础，木材的孔隙结构如表 1.2、图 1.3 所示。

纳米复合材料不是简单混合，而是两相在纳米至亚微米尺度内复合，其界面的结合存在着氢键、范德瓦耳斯力等（李爱元等，2002）。木材细胞壁可以看作是一种二维的纳米薄膜，纳米微粒可以分散在细胞壁表面的纳米孔隙上，形成木基纳米复合材料。木材的纳米改性不但赋予木材小尺寸效应和表面效应，还将纳米材料的功能，如抗菌性和阻燃性引入木材（邱坚和李坚，2003）。

表 1.2　**木材各种构造元素的孔隙结构**（王哲和王喜明，2014）

构造元素	木材	直径	孔隙形状	孔隙尺度
导管	环孔阔叶材	2～400 μm	管状	宏观
	散孔阔叶材	40～250 μm	管状	宏观
管胞	针叶材	15～40 μm	管状	宏观
木纤维	阔叶材	10～15 μm	管状	宏观
树脂道	针叶材	50～300 μm	管状	宏观
具缘纹室口	针叶材	4～30 μm	倒漏斗状	宏观
具缘纹孔口	针叶材	400 nm～6 μm	管状	宏观
具缘纹孔膜	针叶材	10 nm～8 μm	多边形间隙	介观～宏观
细胞壁（干燥）	针叶材	2～100 nm	裂隙状	介观～宏观
	环孔阔叶材		圆筒状	
	散孔阔叶材		裂隙圆筒混合结构	
细胞壁（湿润）	—	1～10 nm	裂隙状	微观～介观
微纤丝间隙	—	2～4.5 nm	裂隙状	介观

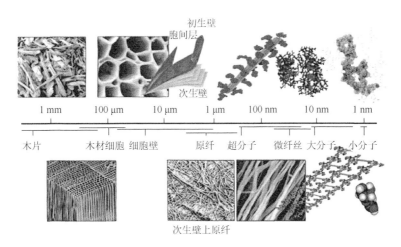

图 1.3　木材中不同层级结构的示意图（卢芸，2014）

1.6.2　木基纳米材料制备方法

1. 纳米微粒直接分散法

纳米微粒直接分散法是将纳米粒子通过各种分散方式直接与木材相混合，该法制备条件简单，易于工业化生产。分散方式包括乳液共混、溶液共混、熔融共混及机械共混等（何霄，2015）。由于纳米粒子易于团聚，在混合之前可以对纳米粒子进行物理方法或化学方法的分散处理以提高分散性（邱坚和李坚，2003）。

2. 纳米微粒原位合成法

纳米微粒原位合成法原理主要包括两点：一是利用木材特有的官能团，对纳米材料中的金属离子产生络合吸附，高分子基体对反应物产生空间位阻效应；二是由于木材中的纳米级空间尺度限制，从而原位反应生成纳米粒子，构建纳米复合材料（何霄，2015；余雁等，2009；袁光明等，2005）。

3. 两相同步原位合成法

两相同步原位合成法是利用纳米材料和木材基体同步形成纳米复合材料的方法，具体方法包括溶胶-凝胶法、低温水热共溶剂法等。溶胶-凝胶法是将功能性化合物的前驱体（金属无机化合物、二氧化硅、氧化铝等）先在溶剂中形成稳定均匀的溶液，溶液进入木材后在特定反应条件下生成功能性化合物嵌入或键合到木材孔隙中，获得木基纳米复合材料（Saka and Ueno，1997；Saka et al.，1992）。低温水热共溶剂法是以水为溶剂，在高温高压条件下使前驱体反应结晶，由于特殊的物理化学环境，反应处于分子水平，晶粒发育完整分布均匀进而赋予木材特殊的性能（孙庆丰，2012；Sun et al.，2012）。

1.6.3　纳米材料改性处理

纳米材料粒径小、表面能高、易于团聚，对其进行表面改性处理能有效提高分散性能。纳米材料的改性处理可分为物理方法和化学方法。物理方法包括球磨法、机械搅拌法等。该方法能获得较为理想的分散液，但能耗大、成本高、不易工业推广。化学方法通过纳米粒子与处理剂之间产生吸附或化合反应，改变表面结构和性能，可根据需要设计表面修饰物质，增强其在溶液及复合材料中的相容性（卢红蓉，2010）。该方法方便、简单，易于工业化生产，并且可选用的纳米材料种类多，缺点是团聚现象制约其制备效果。

最常见的改性剂为表面活性剂和偶联剂。表面活性剂具有双亲性质，能吸附于纳米粒子表面，通过其长分子链的空间位阻稳定机制减少团聚现象，使纳米粒子分离，表面活性剂分为离子型表面活性剂、非离子型表面活性剂、两性表面活性剂和复配表面活性剂等（郭璐瑶，2015；Wittmar et al.，2013；欧秀娟和杜海燕，2006；Wang et al.，2004；许淳淳等，2003；Wu et al.，2000）。偶联剂是一种两性结构化合物，其一端的极性基团可与纳米材料发生化学键合，另一端与有机高聚物发生化学反应或物理缠绕。偶联剂按结构可分为硅酸盐类、钛酸酯类、铝酸酯类等（张春燕等，2016；杨平和霍瑞亭，2013；陈云华等，2007；蒋翀等，2003；敬承斌等，2002）。

1.6.4　木材负载方式

1. 浸渍提拉法

木材表面含有大量活性羟基，为无机粒子提供成核和生长基质，通过多次浸渍提拉的方式可以在木材表面形成均匀质地的无机保护涂层（孙丰波等，2010，2009；任成军，2004）。然而这种方法具有浸渍深度过低的缺点，不适用于需要再次刨切的材料。

2. 层层自组装法

层层自组装法是将木材先后放入带相反电荷的聚电解质和刚性分子中，在静电作用的推动下，交替沉积形成自组装多层膜（卢茜，2016；姚宏斌，2011）。目前已有研究利用层层自组装法在木材表面沉积纳米 TiO_2、纳米 SiO_2、PDDA/蒙脱土多层膜、高岭土纳米管等多层膜以提高其可伸缩性、孔隙率、阻燃性和超疏水性（Laufer et al.，2012；Zhang et al.，2012；Lu et al.，2007）。

1.7　木材浸渍处理方式

1.7.1　微波法

微波法是将湿木材放置在微波交变电磁场中，木材中的水分子在频繁交变的电磁场作用下极化，迅速旋转、摩擦，使得温度急剧上升而汽化（李晓东，2005）。微波处理后木材的微观构造出现不同程度的破坏，从而提高了木材的渗透性能（何盛，2014）。研究表明微波处理后木材的纹孔膜、胞间层、射线细胞、管胞壁等结构被破坏，形成新的液体通道，树脂或导管中内含物的含量和分布受到影响，有利于提高流体渗透性（Torgovnikov and Vinden，2009；周志芳等，2007；江涛，2006）。

1.7.2　超声波法

超声波能够有效提高木材渗透性，目前主要应用于木材干燥、木材染色和木材内含物的提取（Liu et al.，2015；He et al.，2014）。超声波在媒质中传播时，会产生机械作用、空化作用和热作用，引起了湍动效应、微扰效应、界面效应和聚能效应，在木材表面产生极高的温度、巨大的压力和冲击波，有助于木材内部空气的排出，促进溶液向木材内部扩散，从而提高反应速率、降低反应条件、缩短反应时间。同时，超声波能够提高溶液中纳米材料的分散性，超声波产生的冲击波促使团聚体分散（Sato et al.，2008）。

1.7.3　真空法

真空法能够有效提高浸渍效率，目前主要应用于木材改性、木材染色和木材内含物的提取（何理辉等，2016；王舒，2009；杨海龙，2009）。真空作用能够使木材表面与内部、细胞内与细胞外产生压力差，根据达西定律，木材的内含物、细胞腔和纹孔腔内的空气被抽出，使得毛细管系统通畅，有利于液体浸入。同时，木材在真空作用下体积发生膨胀，导致细胞间距增大，产生松弛现象，提高了浸渍深度。最后，在木材解除真空时，外部压力大于木材内部压力，产生了加压浸渍的效果，进一步提高浸渍效率。

1.7.4　微爆破法

微爆破法是将木材先加压再瞬间释放压力打开木材内的毛细管系统而获得通透性良好的木质材料的方法，该方法不影响木材的物理力学性能和外观完整性（王海元，2013；刘毅等，2011）。经过微爆破处理，木材的纹孔出现裂痕或者龟裂，纹孔膜凸起或褶皱，纹孔塞脱落或揭开，侵填体等物质脱离，木材渗透性显著提高（白雪，2012）。

1.7.5　超临界法

超临界流体是指被压缩和加热超过临界温度和临界压力状态下介于气体和液体之间的非凝结性的高密度流体，它兼具气体和液体的特性，具有黏度小、扩散系数大和溶解能力强的特点，因此，超临界流体处理木材能有效去除抽提物，增加木材的渗透性（肖忠平等，2014，2006；钱学仁和李坚，1997）。常用的超临界流体为 CO_2，同时可添加甲醇、乙醇、苯-乙醇等试剂为夹带剂（李君等，2011）。

综上所述，木材在自然环境中易受到霉菌侵染，不仅降低其使用年限和理化性能，更危害人类健康。常见的木材防霉剂包括油载型防霉剂、水载型防霉剂、天然防霉剂、纳米防霉剂，其中纳米防霉剂因其具有良好的渗透性、耐久性、稳定性，近年来受到广泛关注。纳米 TiO_2 是一种化学性质稳定、催化活性高、氧化能力强、成本低、环境友好的纳米防霉剂，在紫外光环境下表现出优异的防霉抗菌效果，同时还可以提高木材抗光变色、防潮和阻燃性能。然而，纳米 TiO_2 在自然光下防霉性能不佳，制约了其使用范围，Ag 的掺杂能显著改善这一现象。

木材本身具有容纳和固定纳米粒子的能力，同时纳米孔隙有极大的比表面积，吸附能力强，为制备木基纳米复合材料奠定了基础。纳米材料粒径小、表面能高、易于团聚形成大颗粒团聚物，不利于浸渍木材，需要对其进行表面改性处理以提高分散性能。同时，可采用微波法、超声波法、真空法、微爆破法和超临界法等辅助浸渍法提高纳米粒子的负载率和浸渍深度。

1.8　研究目的及意义

随着优质木材供需矛盾日益严重，通过改性处理实现木材的高效利用成为木材加工行业亟需解决的重大科学问题和关键技术瓶颈。木材在户外或湿度较大的环境中易受到霉菌侵染，形成大量霉点、霉斑，不仅影响了木材的装饰和使用功能，限制了木材的使用范围，霉菌产生的孢子和毒素更威胁着人类的身体健康和生活质量。目前市场上的防霉剂以铜系水载防霉剂为主，该类型防霉剂存在影响木材材色、抗流失性差、对环境具有潜在危害等缺点，探索新型木材防霉剂成为当务之急。纳米 TiO_2 具有化学性质稳定、催化活性高、氧化能力强、成本低、环境友好等特点,特别是纳米 Ag 掺杂后纳米 Ag/TiO_2 在自然光条件下即能显现出优良的抗菌性能。目前，国内关于纳米 Ag/TiO_2 的研究多集中于医学领域的抗细菌研究，对真菌的研究很少，更鲜有将纳米 Ag/TiO_2 作为木材防霉剂的研究或报道，且尚未形成体系。因此，深入开展纳米 Ag/TiO_2 木基复合材料的制备，揭示纳米 Ag/TiO_2 木基复合材料的防霉机制是解决纳米 Ag/TiO_2 防霉剂开发技术瓶颈的关键科学问题。

本书第 1~6 章以纳米 Ag/TiO_2 木基复合材料为研究对象，研究了纳米 Ag/TiO_2 的制备方法、防霉性能和分散改性，尝试了超声波辅助浸渍法和真空浸渍法制备纳米 Ag/TiO_2 木基复合材料，开展了纳米 Ag/TiO_2 木基复合材料的表征分析和工艺优化研究，探讨了纳米 Ag/TiO_2 木基复合材料的防霉性能及防霉机理。为今后木材的防霉改性和纳米改性提供了理论依据，对研发防霉型纳米 Ag/TiO_2 木基复合材料具有重要的学术价值，对于促进木材高附加值利用具有重要的生态效益和应用价值。

1.9　研究内容

木材的防霉机制及性能改良研究是防霉木材开发和木材纳米改性领域的重要研究问题之一。本书第 1~6 章以纳米 Ag/TiO_2 木基复合材料为研究对象，对纳米 Ag/TiO_2 防霉剂的制备、防霉机理及防霉剂分散改性进行研究，探究超声波辅助浸渍法和真空浸渍法制备纳米 Ag/TiO_2 木基复合材料的工艺及表征，并深入探讨纳米 Ag/TiO_2 木基复合材料的防霉性能及机理。

本书第 1～6 章主要研究内容如下：

1. 纳米 Ag/TiO_2 的防霉机制及分散改性研究

研究采用溶胶-凝胶法制备纳米 TiO_2 和不同载银量的纳米 Ag/TiO_2，并对其微观构造、元素含量和结晶度进行分析。

探究纳米 Ag/TiO_2 的防霉性能及机制，通过研究试剂类型、载银量、光照条件和浓度对黑曲霉和绿色木霉的影响，推断纳米 Ag/TiO_2 的防霉机理。

开展增强纳米 Ag/TiO_2 分散性能的研究，通过添加表面活性剂、硅烷偶联剂和复合改性剂增强纳米 Ag/TiO_2 分散液的稳定性和分散性。

2. 纳米 Ag/TiO_2 木基复合材料的制备及工艺研究

采用超声波辅助浸渍法和真空浸渍法制备纳米 Ag/TiO_2 木基复合材料，以载药量和抗流失率为指标，探讨工艺参数对其的影响。

对不同方法制备的纳米 Ag/TiO_2 木基复合材料的表征进行分析，通过微观构造、官能团、结晶度、热重等方面探究结合机理。

利用模糊综合评判法（fuzzy comprehensive evaluation）对不同工艺条件下纳米 Ag/TiO_2 木基复合材料的载药量和抗流失率综合考虑，优化制备工艺。

3. 纳米 Ag/TiO_2 木基复合材料的防霉性能及机理

研究纳米 Ag/TiO_2 木基复合材料的防霉性能，并从材料的微观构造、表面元素、孔径分布、润湿性能和防水性能等方面进行分析，探究纳米 Ag/TiO_2 木基复合材料的防霉性能及机理。

参 考 文 献

白雪，2012. 微爆破处理对杨木渗透及力学性能影响的初步研究[D]. 北京：北京林业大学.

薄丽丽，2008. 银系纳米抗菌材料的制备与抗菌性能的研究[D]. 兰州：西北师范大学.

曹金珍，2006. 国外木材防腐技术和研究现状[J]. 林业科学，（7）：120-126.

常焕君，2015. 溶胶凝胶法制备超疏水木材及其结构与性能表征[D]. 北京：中国林业科学研究院.

陈云华，林安，甘复兴，2007. 渗透水解 $TiCl_4$ 制备纳米 TiO_2[J]. 无机材料学报，（1）：53-58.

程华月，郑爱勤，王继民，等，2004. 超细 Ag 系无机抗菌剂的制备及性能分析[J]. 广东有色金属学报，（2）：108-110.

程文正，叶宇煌，1999. 竹材料微波杀虫防霉效果的研究[J]. 福州大学学报（自然科学版），（5）：28-30.

崔爱玲, 2013. 三唑类化合物的合成及其木材防腐性能的研究[D]. 南京: 南京林业大学.

邸向辉, 2014. 以印楝提取物为基质的木材防腐剂微囊制备及性能研究[D]. 哈尔滨: 东北林业大学.

杜海慧, 孙芳利, 蒋身学, 2013. 慈竹重组材防霉性能的研究[J]. 浙江农林大学学报, 30 (1): 95-99.

范慧青, 2014. 木材炭化防腐处理对微生物生存条件的影响研究[D]. 呼和浩特: 内蒙古农业大学.

方桂珍, 任世学, 2002. 铜-季铵盐复配木材防腐剂的防腐性能[J]. 林产化学与工业, (1): 71-73.

高鹤, 梁大鑫, 李坚, 等, 2016. 纳米 TiO_2-ZnO 二元负载木材的制备及性质[J]. 高等学校化学学报, 37 (6): 1075-1081.

龚蒙, 1995. 复合材料力学在木材科学研究中的应用[J]. 南京林业大学学报, (1): 75-80.

龚敏, 曾宪光, 罗宏, 2006. 咪唑啉衍生物缓蚀剂的研究进展[J]. 四川理工学院学报 (自然科学版), (5): 13-16.

顾炼百, 2012. 木材改性技术发展现状及应用前景[J]. 木材工业, 26 (3): 1-6.

郭璐瑶, 2015. 纳米二氧化钛分散及其表面改性研究[D]. 上海: 东华大学.

韩世岩, 宋湛谦, 金钟玲, 等, 2009. 松香基季铵盐双子表面活性剂的合成及分析[J]. 林业科技, 34 (4): 61-64.

何理辉, 马灵飞, 林鹏, 等, 2016. 浅谈微波和真空浸渍改性木材的原理和应用[J]. 林产工业, 43 (11): 53-55.

何莉, 2012. 马尾松木材糠醇树脂改性技术及机理研究[D]. 长沙: 中南林业科技大学.

何盛, 2014. 微波处理改善木材浸注性及其机理研究[D]. 北京: 中国林业科学研究院.

何霄, 2015. 木材-无机纳米复合体系中纳米粒子分散机制研究[D]. 长沙: 中南林业科技大学.

黄素涌, 李凯夫, 佘祥威, 2011. 杉木/TiO_2复合材料的抗菌性[J]. 林业科学, 47 (1): 181-184.

江涛, 2006. 微波细胞爆破法改性落叶松木材的脱脂技术[D]. 哈尔滨: 东北林业大学.

江泽慧, 孙丰波, 余雁, 等, 2010. 竹材的纳米 TiO_2 改性及防光变色性能[J]. 林业科学, 46 (2): 116-121.

蒋翀, 何厚康, 吴文华, 等, 2003. 纳米二氧化钛粒子的表面处理及其分散性研究[J]. 合成纤维工业, (3): 12-14.

蒋明亮, 2001. 低毒防腐剂百菌清及铜制剂对木材尺寸稳定及力学性能的影响[J]. 林业科学, (4): 107-110.

敬承斌, 赵修建, 陈文梅, 等, 2002. 环氧基硅烷改性 TiO_2 薄膜对尼龙吸水性、耐化学试剂性能的影响[J]. 高分子材料科学与工程, (3): 180-183 + 186.

李爱元, 徐国财, 邢宏龙, 2002. 纳米粉体表面改性技术及应用[J]. 化工新型材料, (10): 25-28.

李坚, 2014. 木材科学[M]. 北京: 科学出版社.

李君, 李坚, 李龙, 2011. 超临界 CO_2 流体处理对木材浸注性的影响[J]. 西南林业大学学报, 31 (5): 75-77.

李淑君, 阮氏清贤, 韩世岩, 等, 2011. 松香在木材防腐中的应用[J]. 林产化学与工业, 31 (5): 117-121.

李晓东, 2005. 微波超声波技术在阻燃剂浸渍处理木材中的应用[J]. 化工进展, (12): 1422-1425.

李雪琦, 2012. 中草药防止木材腐朽的抑菌机理研究[D]. 呼和浩特: 内蒙古农业大学.

李雨爽，储德淼，刘影，等，2016. 壳聚糖金属配合物/氮磷阻燃剂处理杨木的防霉阻燃性能[J]. 化工新型材料，44（11）：246-248.

李玉栋，2002. 欧盟拟限制 CCA 防腐剂处理木材[J]. 人造板通讯，（7）：6-7.

林琳，高欣，柯清，等，2016. 木结构建筑用材防霉方法的现状[J]. 家具与室内装饰，（4）：66-67.

刘添娥，王喜明，王雅梅，2014. 木材防霉和防蓝变的研究现状及发展趋势[J]. 木材加工机械，25（6）：65-68.

刘文静，2015. 载银木材液化物活性碳纤维的结构和性能[D]. 北京：北京林业大学.

刘一星，赵广杰，2012. 木材学[M]. 2 版. 北京：中国林业出版社.

刘毅，2015. 木材染色单板光变色机制与防护研究[D]. 北京：北京林业大学.

刘毅，郭洪武，邵灵敏，等，2011. 室内环境下染色单板的光变色过程[J]. 东北林业大学学报，39（10）：74-76.

刘正添，邢善湘，1991. 木材液相乙酰化处理及处理材尺寸稳定性和耐腐性的研究[J]. 木材工业，（1）：20-24.

刘正宇，1998. 木材涂装的种类与方法[J]. 林业机械与木工设备，（1）：20-24.

卢红蓉，2010. 纳米 TiO_2 的制备、表面改性及其紫外屏蔽性研究[D]. 苏州：苏州大学.

卢茜，2016. 层层自组装法制备超疏水木材[D]. 哈尔滨：东北林业大学.

卢茜，胡英成，2016. 层层自组装 SiO_2/木材复合材料的超疏水性及其形成机制[J]. 功能材料，47（7）：7109-7113.

卢芸，2014. 基于生物质微纳结构组装的气凝胶类功能材料研究[D]. 哈尔滨：东北林业大学.

马晓蕾，孙青苗，贾军，等，2012. 过敏性皮肤病患者血清食入性和吸入性过敏原特异性 IgE 结果分析[J]. 北京大学学报（医学版），44（5）：765-769.

毛丽婷，汪洋，朱丽虹，2015. TiO_2/木材复合材料的制备及其性能研究[J]. 林产工业，42（7）：21-25.

毛丽婷，朱丽虹，汪洋，2015. 水热法制备 TiO_2/木材复合材料及其防潮阻燃性能[J]. 浙江理工大学学报，33（9）：643-648.

倪洁，张丽丽，程康华，2016. 水载型复合木材防腐剂的制备及其抑菌性能[J]. 东北林业大学学报，44（10）：91-95＋100.

欧秀娟，杜海燕，2006. 纳米 TiO_2 粉体的分散性研究[J]. 硅酸盐通报，（2）：74-77＋117.

钱学仁，李坚，1997. 木材超临界流体辅助改性[J]. 东北林业大学学报，（4）：60-64.

邱坚，李坚，2003. 纳米科技及其在木材科学中的应用前景（Ⅰ）——纳米材料的概况、制备和应用前景[J]. 东北林业大学学报，（1）：1-5.

冉隆贤，吴光金，林雪坚，1997. 竹材霉菌生理特性及防霉研究[J]. 中南林学院学报，（2）：14-19.

任成军，2004. TiO_2 薄膜光催化剂的制备及结构与性能研究[D]. 成都：四川大学.

沈萍，陈向东，2016. 微生物学[M]. 8 版. 北京：高等教育出版社.

沈哲红，方群，鲍滨福，等，2010. 竹醋液及竹醋液复配制剂对木材霉菌的抑菌性[J]. 浙江林学院学报，27（1）：99-104.

石顺存，易平贵，曹晨忠，等，2005. 新型离子液体的合成及其阳离子基团缓蚀性能[J]. 化工学报，（6）：1112-1119.

宋琳莹，2008. 多羟基表面增强防水性能的研究[D]. 济南：山东师范大学.

苏文强，2008. 树木提取物的功能性合成及其在木材防腐中的应用[D]. 哈尔滨：东北林业大学.

眭亚萍，2008. 壳聚糖铜盐与有机杀菌剂复配用于木竹材防腐防霉的初步研究[D]. 咸阳：西北农林科技大学.

孙丰波，江泽慧，余雁，等，2009. 纳米 TiO$_2$ 对竹材颜色稳定性及抗菌性能的影响[A]//国家林业局，广西壮族自治区人民政府，中国林学会. S11 木材及生物质资源高效增值利用与木材安全论文集. 南宁：第二届中国林业学术大会：408-412.

孙丰波，余雁，江泽慧，等，2010. 竹材的纳米 TiO$_2$ 改性及抗菌防霉性能研究[J]. 光谱学与光谱分析，30（4）：1056-1060.

孙庆丰，2012. 外负载无机纳米/木材功能型材料的低温水热共溶剂法可控制备及性能研究[D]. 哈尔滨：东北林业大学.

唐朝发，李岩，李春风，等，2015. 不同抗菌剂对浸渍薄木抗菌性能影响的研究[J]. 林产工业，42（2）：29-31.

唐二军，2005. 氧化锌/聚合物复合微粒材料的制备及抗菌特性研究[D]. 天津：天津大学.

万晓巧，2014. 木材的醚化改性及分散染料对其染色的影响[D]. 长沙：中南林业科技大学.

王高伟，2012. 橡胶木防霉防变色改性处理的研究[D]. 南京：南京林业大学.

王海影，2016. ZnO 光催化剂和 Ag$_2$O/ZnO 复合光催化剂的制备与性能研究[D]. 秦皇岛：燕山大学.

王海元，2013. 微爆破预处理对杉木、刺槐渗透性和干燥特性的影响[D]. 北京：北京林业大学.

王佳贺，李凤竹，陈芳，等，2013. 纳米氧化铜木材防腐剂的防腐性能和抗流失性研究[J]. 林业科学，38（1）：25-28.

王敏，2012. 纳米二氧化钛基木材防腐剂制备及固着机理研究[D]. 长沙：中南林业科技大学.

王敏，吴义强，胡云楚，等，2012. 纳米二氧化钛基木材防腐剂的分散特性与界面特征[J]. 中南林业科技大学学报，32（1）：51-55.

王舒，2009. 浸渍处理人工林杉木干燥特性的研究[D]. 北京：北京林业大学.

王婉华，尹思慈，陈荪云，1982. 乙酰化处理材抗腐性的研究[J]. 南京林业大学学报（自然科学版），（4）：64-72.

王小青，任海青，赵荣军，等，2009. 毛竹材表面光化降解的 FTIR 和 XPS 分析[J]. 光谱学与光谱分析，29（7）：1864-1867.

王哲，王喜明，2014. 木材多尺度孔隙结构及表征方法研究进展[J]. 林业科学，50（10）：123-133.

王志娟，2005. 木材变色菌的生物学特性及其防治[D]. 北京：中国林业科学研究院.

吴疑，2013. 新型抗菌剂 nano-ZnO 的合成及表面改性[D]. 大连：大连理工大学.

肖忠平，2006. 超临界 CO$_2$ 流体改善木材渗透性及夹带物物理表征的研究[D]. 南京：南京林业大学.

肖忠平，卢晓宁，陆继圣，2014. 超临界 CO$_2$ 技术在木材工业中的应用现状及前景[J]. 林业科技开发，28（1）：7-11.

邢方如，刘毅，郭洪武，等，2014. 防霉剂防治中密度纤维板蓝变的研究[J]. 木材加工机械，25（1）：27-29.

许淳淳，于凯，何宗虎，2003. 纳米 TiO$_2$ 在水中分散性能的研究[J]. 化工进展，（10）：1095-1097.

许大凤，2005. 储烟霉菌生物学特性及霉变控制措施研究[D]. 合肥：安徽农业大学.

许民，李凤竹，王佳贺，等，2014. CuO-ZnO 纳米复合防腐剂对杨木抑菌性能的影响[J]. 西南林业大学学报，34（1）：87-92.

杨冬梅，贺攀科，董芳，等，2006. 室温水汽对 Au/TiO$_2$ 上光催化分解臭氧的影响[J]. 催化学报，
　　（12）：1122-1126.

杨海龙，2009. 竹材真空染色工艺及动力学研究[D]. 南京：南京林业大学.

杨建卿，许大凤，檀根甲，2006. 5 种抑霉剂对储藏片烟霉菌的抑制效果[J]. 安徽农业大学学报，
　　33（2）：222-225.

杨靖，李悦，李鹏程，2014. Ag/SiO$_2$ 抗菌材料的制备及抗菌性能研究[J]. 材料导报，28（20）：
　　34-37 + 46.

杨平，霍瑞亭，2013. 偶联剂改性对纳米二氧化钛光催化活性的影响[J]. 硅酸盐学报，41（3）：
　　409-415.

杨优优，卢凤珠，鲍滨福，等，2012. 载银二氧化钛纳米抗菌剂处理竹材和马尾松的防霉和燃
　　烧性能[J]. 浙江农林大学学报，29（6）：910-916.

姚宏斌，2011. 基于微/纳米结构单元的有序组装制备仿生结构功能复合材料[D]. 合肥：中国科
　　学技术大学.

叶江华，2006. 纳米 TiO$_2$ 改性薄木的研究[D]. 福州：福建农林大学.

游朝群，程康华，顾晓利，2012. 杨木无溶剂气相法乙酰化的研究[A]//中国木材保护工业协会. 第
　　六届中国木材保护大会暨 2012 中国景观木竹结构与材料产业发展高峰论坛 2012 橡胶木高
　　效利用专题论坛论文集. 海口：中国木材保护工业协会：164-170.

于丽丽，曹金珍，2007. 水载型木材防腐剂有效成分的加速固着方法[J]. 木材工业，（5）：25-28.

余权英，1996. 化学改性转化木材为热塑性和热固性材料[J]. 化学进展，（4）：75-83.

余雁，宋烨，王戈，等，2009. ZnO 纳米薄膜在竹材表面的生长及防护性能[J]. 深圳大学学报（理
　　工版），26（4）：360-365.

袁光明，刘元，胡云楚，等，2005. 木材/无机纳米复合材料研究现状与展望[J]. 中南林学院学
　　报，（3）：111-116.

张春燕，罗建新，吴昊，等，2016. 温度及偶联剂用量对纳米 TiO$_2$ 表面改性的影响[J]. 化工新
　　型材料，44（2）：232-233 + 236.

张霞，赵岩，张彩碚，2005. TiO$_2$/Fe$_2$O$_3$ 核-壳粒子的制备及光学性能[J]. 材料研究学报，（4）：
　　343-348.

张英杰，2009. 木材防腐干燥特性及一体化研究[D]. 北京：北京林业大学.

张彰，孙丰文，张茜，2009. 酯化、醚化改性对木材热性能的影响[J]. 南京林业大学学报（自
　　然科学版），33（6）：6-10.

赵广杰，2002. 木材中的纳米尺度、纳米木材及木材-无机纳米复合材料[J]. 北京林业大学学报，
　　（Z1）：208-211.

郑兴国，姜卸宏，曹金珍，等，2008. 新型纳米杀菌剂在木材防腐中的应用[J]. 林业机械与木
　　工设备，（7）：9-11.

郑兴国，钟杰，2008. CCA 防腐木材的使用现状与环境安全性[J]. 林业机械与木工设备，（4）：
　　6-9.

周腊，2015. 抗菌浸渍薄木饰面装饰板的制备工艺与性能研究[D]. 北京：北京林业大学.

周明明，2012. 超声处理对竹材霉变效果及其表面润湿性的分析[D]. 南京：南京林业大学.

周志芳，江涛，王清文，2007. 高强度微波处理对落叶松木材力学性质的影响[J]. 东北林业大
　　学学报，（2）：7-8 + 25.

Abidi N，Hequet E，Tarimals S，et al，2007. Cotton fabric surface modification for improved UV radiation protection using sol-gel process[J]. Journal of Applied Polymer Science，104（1）：111-117.

Akira F，Tata N R，Donald A，2000. Titanium dioxide photocatalysis[J]. Journal of Photochemistry and Photobiology C：Photochemistry Reviews，1（1）：1-21.

Andersson G S，Hellgren J M，Björklund S，et al，2003. Asymmetric expression of a poplar ACC oxidase controls ethylene production during gravitational induction of tension wood[J]. The Plant Journal，34（3）：339-349.

Angela G R，Cesar P，2004. Bactericidal action of illuminated TiO_2 on pure *Escherichia coli* and natural bacterial consortia：Post-irradiation events in the dark and assessment of the effective disinfection time[J]. Applied Catalysis B：Environmental，2（49）：99-112.

Azizi S，Ahmad M，Hussein M，et al，2013. Synthesis，antibacterial and thermal studies of cellulose nanocrystal stabilized ZnO-Ag heterostructure nanoparticles[J]. Molecules，18（6）：6269-6280.

Ball P，1999. Engineering shark skin and other solutions[J]. Nature，400：507-509.

Bazant P，Munster L，Machovsky M，et al，2014. Wood flour modified by hierarchical Ag/ZnO as potential filler for wood-plastic composites with enhanced surface antibacterial performance[J]. Industrial Crops & Products，62：179-187.

Blunden S J，Hill R，1988. Bis（tributyltin）oxide as a wood preservative：Its chemical nature in timber[J]. Applied Organometallic Chemistry，2（3）：251-256.

Cao J Z，Kamdem D P，2004. Microwave treatment to accelerate fixation of copper-ethanolamine（Cu-EA）treated wood[J]. Holzforschung，58（5）：569-571.

Chen X，Schluesener H J，2008. Nanosilver：A nanoproduct in medical application[J]. Toxicology Letters，176（1）：1-12.

Conradie W E，Pizzi A，1987. Progressive heat-inactivation of CCA biological performance[J]. Holzforschung und Holzverwertung，39（3）：70-77.

Devi R R，Gogoi K，Konwar B K，et al，2013. Synergistic effect of $nanoTiO_2$ and nanoclay on mechanical，flame retardancy，UV stability，and antibacterial properties of wood polymer composites[J]. Polymer Bulletin，70（4）：1397-1413.

Dong Y，Yan Y，Ma H，et al，2017. *In-situ* chemosynthesis of ZnO nanoparticles to endow wood with antibacterial and UV-resistance properties[J]. Journal of Materials Science & Technology，33（3）：266-270.

Ekthammathat N，Thongtem T，Phuruangrat A，et al，2013. Growth of hexagonal prism ZnO nanorods on Zn substrates by hydrothermal method and their photoluminescence[J]. Ceramics International，39（S1）：S501-S505.

Eller F J，Clausen C A，Green F，et al，2010. Critical fluid extraction of *Juniperus virginiana* L. and bioactivity of extracts against subterranean termites and wood-rot fungi[J]. Industrial Crops and Products，32（3）：481-485.

Fang F，Ruddickn N R，Avramidis S，2001. Application of radio-frequency heating to utility poles. Part 2. Accelerated fixation of chromated copper arsenate[J]. Forest Products Journal，51（9）：53-581.

Feng N C，Xu D Y，Qiong W，2009. Antifungal capability of TiO_2 coated film on moist wood [J]. Building and Environment，44（5）：1088-1093.

Gadd G M，1993. Tansley Review No.47. Interactions of fungi with toxic metals[J]. New Phytologist，124（1）：25-60.

Gao L K，Gan W，Xiao S，et al，2016. A robust superhydrophobic antibacterial Ag-TiO_2 composite film immobilized on wood substrate for photodegradation of phenol under visible-light illumination[J]. Ceramics International，42（2）：2170-2179.

Hall H J，Gertjejansen R O，Schmidt E L，et al，1984. Preservative treatment effects on mechanical and thickness swelling properties of aspen waferboard（forest product，*Populus tremuloides*）[J]. Forest Products Journal，32（11）：19-26.

Hastrup A C S，Jensen B，Clausen C，et al，2006. The effect of $CaCl_2$ on growth rate，wood decay and oxalic acid accumulation in *Serpula lacrymans* and related brown-rot fungi[J]. Holzforschung，60（3）：339-345.

He Z B，Zhao Z J，Yang F，et al，2014. Effect of ultrasound pretreatment on wood prior to vacuum drying[J]. Maderas-Ciencia y Tecnologia，16（4）：395-402.

Hübert T，Unger B，Bücker M，2010. Sol-gel derived TiO_2 wood composites[J]. Journal of Sol-Gel Science and Technology，53（2）：384-389.

Hudson M S，1968. New process for longitudinal treatment of wood[J]. Forest Products Journal，18：31-35.

Humphris S N，Wheatley R E，Bruce A，2001. The effects of specific volatile organic compounds produced by *Trichoderma* spp. on the growth of wood decay basidiomycetes[J]. Holzforschung，55（3）：233-237.

Kartal S N，Green M F，Clausen C A，2009. Do the unique properties of nanometals affect leachability or efficacy against fungi and termites[J]. International Biodeterioration & Biodegradation，63（4）：490-495.

Kawamura S，Maesaki S，Tomono K，et al，2000. Clinical evaluation of 61 patients with pulmonary aspergilloma[J]. Internal Medicine，39（3）：209-212.

Kiguchi M，Yamamoto K，1992. Chemical modification of wood surfaces by etherification. 3. Some properties of self bonded benzylated particleboard[J]. Mokuzai Gakkaishi，38（2）：150-158.

Kiomarsipour N，Razavi R S，2013. Hydrothermal synthesis and optical property of scale and spindle-like ZnO[J]. Ceramics International，39（1）：813-818.

Kumar S，1994. Chemical modification of wood[J]. Wood and Fiber Science，26（2）：270-280.

Laufer G，Kirkland C，Cain A A，et al，2012. Clay-chitosan nanobrick walls：Completely renewable gas barrier and flame-retardant nanocoatings[J]. ACS Applied Materials & Interfaces，4（3）：1643-1649.

Li J，Li S Y，Li S J，et al，2010. Synthesis of a rosin amide and its inhibition of wood decay fungi[J]. Advanced Materials Research，113-116：2232-2236.

Li S Y，Wang J，Li S J，et al，2010. Synthesis and characterization of bis *N*-（3-rosin acyloxy-2-hydroxyl）propyl-*N*，*N* dimethylamine[J]. Advanced Materials Research，113-116：

2197-2200.

Lin X B，Wang F，Kuga S，et al，2014. Eco-friendly synthesis and antibacterial activity of silver nanoparticles reduced by nano-wood materials[J]. Cellulose，21（4）：2489-2496.

Liu W J，Zhao G，2015. Variations of antibacterial activity and silver characteristic of silver-containing activated carbon fibers undergoing cyclic antibacterial tests[J]. Polymer Composites，38（7）：1404-1411.

Liu Y，Hu J，Gao J，et al，2015. Wood veneer dyeing enhancement by ultrasonic-assisted treatment[J]. Bioresources，10（1）：1198-1212.

Lok C N，Ho C M，Chen R，et al，2007. Silver nanoparticles：Partial oxidation and antibacterial activities[J]. Journal of Biological Inorganic Chemistry，12（4）：527-534.

Lu Z，Eadula S，Zheng Z，et al，2007. Layer-by-layer nanoparticle coatings on lignocellulose wood microfibers[J]. Colloids and Surfaces A：Physicochemical and Engineering Aspects，292（1）：56-62.

Mmbaga M T，Mrema F A，Mackasmiel L，et al，2016. Effect of bacteria isolates in powdery mildew control in flowering dogwoods（*Cornus florida* L.）[J]. Crop Protection，89：51-57.

Nelson K，Deng Y，2008. Effect of polycrystalline structure of TiO_2 particles on the light scattering efficiency[J]. Journal of Colloid and Interface Science，319（1）：130-139.

Rashvand M，Ranjbar Z，2013. Effect of nano-ZnO particles on the corrosion resistance of polyurethane-based waterborne coatings immersed in sodium chloride solution via EIS technique[J]. Progress in Organic Coatings，76（10）：1413-1417.

Rassam G，Abdi Y，Abdi A，2012. Deposition of TiO_2 nano-particles on wood surfaces for UV and moisture protection[J]. Journal of Experimental Nanoscience，7（4）：468-476.

Riley R，Salamov A A，Brown D W，et al，2014. Extensive sampling of basidiomycete genomes demonstrates inadequacy of the white-rot/brown-rot paradigm for wood decay fungi[J]. Proceedings of the National Academy of Science，111（27）：9923-9928.

Saka S，Sasaki M，Tanahashi M，et al，1992. Wood-inorganic composites prepared by sol-gel processing. Ⅰ. Wood-inorganic composites with porous structure[J]. Mokuzai Gakkaishi，38（11）：1043-1049.

Saka S，Ueno T，1997. Several SiO_2 wood-inorganic composites and their fire-resisting properties[J]. Wood Science and Technology，31（6）：457-466.

Sato K，Li J，Kamiya H，et al，2008. Ultrasonic dispersion of TiO_2 nanoparticles in aqueous suspension[J]. Journal of the American Ceramic Society，91（8）：2481-2487.

Schwarze F W，Jauss F，Spencer C，et al，2012. Evaluation of an antagonistic *Trichoderma* strain for reducing the rate of wood decomposition by the white rot fungus *Phellinus noxius*[J]. Biological Control，61（2）：160-168.

Sen S，Tascioglu C，Tırak K，2009. Fixation，leachability，and decay resistance of wood treated with some commercial extracts and wood preservative salts[J]. International Biodeterioration & Biodegradation，63（2）：135-141.

Shabir M M，Hubert T，Schartel B，et al，2012. Fire retardancy effects in single and double layered sol-gel derived TiO_2 and SiO_2-wood composites[J]. Journal of Sol-Gel Science and Technology，

64: 452-464.

Sun Q F, Yu H, Liu Y, et al, 2010a. Prolonging the combustion duration of wood by TiO$_2$ coating synthesized using cosolvent-controlled hydrothermal method[J]. Journal of Materials Science, 45 (24): 6661-6667.

Sun Q F, Yu H P, Liu Y X, et al, 2010b. Improvement of water resistance and dimensional stability of wood through titanium dioxide coating[J]. Holzforschung, 64 (6): 757-761.

Sun Q F, Lu Y, Liu Y, 2011. Growth of hydrophobic TiO$_2$ on wood surface using a hydrothermal method[J]. Journal of Materials Science, 46 (24): 7706-7712.

Sun Q F, Lu Y, Zhang H, et al, 2012. Hydrothermal fabrication of rutile TiO$_2$ submicrospheres on wood surface: An efficient method to prepare UV-protective wood[J]. Materials Chemistry and Physics, 133 (1): 253-258.

Torgovnikov G, Vinden P, 2009. High-intensity microwave wood modification for increasing permeability[J]. Forest Products Journal, 59 (4): 84-92.

Tuor U, Winterhalter K, Fiechter A, 1995. Enzymes of white-rot fungi involved in lignin degradation and ecological determinants for wood decay[J]. Journal of Biotechnology, 41 (1): 1-17.

Wang X Q, Liu J L, Chai Y B, 2012. Thermal, mechanical and moisture absorption properties of wood-TiO$_2$ composites prepared by a sol-gel process[J]. Bioresources, 7 (1): 893-901.

Wang Y, Fan D, Wu D, et al, 2016. Simple synthesis of silver nanoparticles functionalized cuprous oxide nanowires nanocomposites and its application in electrochemical immunosensor[J]. Sensors & Actuators B Chemical, 236: 241-248.

Wang Y D, Zhang S, Wu X H, et al, 2004. Synthesis and optical properties of mesostructured titania-surfactant inorganic-organic nanocomposites[J]. Nanotechnology, 15 (9): 1162-1168.

Wittmar A, Gajda M, Gautam D, et al, 2013. Influence of the cation alkyl chain length of imidazolium-based room temperature ionic liquids on the dispersibility of TiO$_2$ nanopowders[J]. Journal of Nanoparticle Research, 15 (3): 1-12.

Wu X D, Wang D P, Yang S R, et al, 2000. Preparation and characterization of stearate-capped titanium dioxide nanoparticles[J]. Journal of Colloid & Interface Science, 222 (1): 37-40.

Xue C H, Jia S T, Chen H Z, et al, 2008. Superhydrophobic cotton fabrics prepared by sol-gel coating of TiO$_2$ and surface hydrophobization[J]. Science and Technology of Advanced Materials, 9 (3): 1-5.

Yeh J M, Yao C T, Hsieh C F, et al, 2008. Preparation and properties of amino-terminated anionic waterborne-polyurethane-silica hybrid materials through a sol-gel process in the absence of an external catalyst[J]. European Polymer Journal, 44 (9): 2777-2783.

Zhang M, Wang S, Wang C, et al, 2012. A facile method to fabricate superhydrophobic cotton fabrics[J]. Applied Surface Science, 261: 561-566.

Zhao Y, Su H, Zhang X D, et al, 2008. Antibacterial mechanism of active anti-bacterial and anti-mildew coatings under visible light irradiation[J]. Journal of Biotechnology, 136: S666-S667.

第 2 章 纳米 Ag/TiO$_2$ 防霉剂的制备及防霉机制研究

　　木材在潮湿的环境中容易遭到霉菌侵染，降低了木材的使用年限和理化性能，进而加剧木材的损耗。纳米 TiO$_2$ 作为一种新型防霉剂以其化学性质稳定、催化活性高、成本低、环境友好等特点，近年来成为木材防霉抗菌剂的研究热点之一。TiO$_2$ 在紫外光照射下，产生电子-空穴对，与表面的 H$_2$O 和 O$_2$ 形成活性羟基和超氧离子，可以与细菌或真菌的细胞壁、细胞膜或细胞内成分发生生化反应，起到灭菌和抑菌的效果，同时还能分解细菌残体，矿化营养物质，实现自清洁（Angela and Cesar，2004；Fujishima et al.，2000）。然而，纳米 TiO$_2$ 在紫外光下抗菌效果显著，但在自然光、弱光和黑暗条件下抗菌效果不佳，限制了其使用范围（Feng et al.，2009）。在 TiO$_2$ 表面负载纳米 Ag 可以解决这一问题，一方面纳米 Ag 作为浅势阱捕获光生电子，延长光生载流子寿命，提高 TiO$_2$ 光催化活性；另一方面，纳米 Ag 本身具有很好的抗菌性能，与纳米 TiO$_2$ 具有协同作用（Xin et al.，2006）。研究表明，纳米 Ag/TiO$_2$ 可以显著提高降解活性和抗细菌性能，但对其抗真菌能力及机理的研究较少，特别是易感染木材的常见真菌黑曲霉和绿色木霉（王忠兴，2012；王洪水，2006；金立国，2005）。

　　本章试图论证纳米 Ag/TiO$_2$ 提高木材防霉性能的可行性，采用溶胶-凝胶法制备纳米 TiO$_2$ 和不同载银量的纳米 Ag/TiO$_2$，对其微观构造、元素含量和结晶度进行分析，研究试剂类型、载银量、光照条件和浓度对黑曲霉和绿色木霉的影响，归纳总结纳米 Ag/TiO$_2$ 的防霉机理，为制备防霉型纳米 Ag/TiO$_2$ 木基复合材料提供依据和理论基础。

2.1 纳米 Ag/TiO$_2$ 的制备

2.1.1 引言

　　纳米 TiO$_2$ 的制备方法包括气相法、液相法和固相法。液相法由于设备易得、产品可控、原料来源广、成本低廉等优点易于工业化推广。液相法包含水解法、水热法、溶胶-凝胶法、液相沉积法等。其中溶胶-凝胶法制备的纳米颗粒尺寸均一、纯度高，因此本研究采用溶胶-凝胶法制备纳米 TiO$_2$ 和纳米 Ag/TiO$_2$。

　　溶胶-凝胶法是以金属醇盐 M(OR)$_n$（M 为钛、镁、钡、铅等金属，R 为甲基、乙基、丙基、丁基等烷烃基团）为原料，使其在溶剂中水解、缩聚成为湿凝胶，再经过干燥、煅烧形成最终产物的方法（金立国，2005）。

溶胶-凝胶法有以下优点：①颗粒粒径尺寸均一；②产物纯度高，溶剂纯度高且在高温煅烧过程中去除；③反应易控制，工艺简单，对设备要求低，易工业转化。

制备过程分为四个步骤：水解，缩聚，凝胶，干燥、煅烧。

（1）水解：随着烷氧基中碳链的增长，醇盐的水解速率降低，由于钛醇盐水解速率过快会生成沉淀，影响最终产物质量，因此选用碳链较长的钛酸丁酯作为前驱体。为了进一步控制反应速率，加入乙酸和硝酸降低反应速率。

$$Ti(OC_4H_9)_4 + H_2O \rightleftharpoons Ti(OC_4H_9)_3OH + C_4H_9OH$$

$$Ti(OC_4H_9)_3OH + H_2O \rightleftharpoons Ti(OC_4H_9)_2(OH)_2 + C_4H_9OH$$

$$Ti(OC_4H_9)_2(OH)_2 + H_2O \rightleftharpoons Ti(OC_4H_9)(OH)_3 + C_4H_9OH$$

$$Ti(OC_4H_9)(OH)_3 + H_2O \rightleftharpoons Ti(OH)_4 + C_4H_9OH$$

（2）缩聚：与此同时，发生脱水缩聚和脱醇缩聚反应，反应式如下。

脱水缩聚：$-Ti-OH + HO-Ti- \longrightarrow -Ti-O-Ti- + H_2O$

脱醇缩聚：$-Ti-OC_4H_9 + HO-Ti- \longrightarrow -Ti-O-Ti- + C_4H_9OH$

（3）凝胶：随着缩聚的进行，溶胶逐渐形成 Ti—O—Ti 连接而成的三维网状结构，并失去流动性成为凝胶。此时 Ti 原子上还会留有部分未反应完全的—OC_4H_9 和—OH，需要进一步干燥、煅烧去除。

（4）干燥、煅烧：将凝胶干燥，三维网状结构在毛细压力的作用下被破坏，形成干凝胶，研磨后高温煅烧，TiO_2 从无定形转变为晶体，同时残留的有机物进一步氧化、燃烧去除。

2.1.2 材料与方法

1. 实验材料（表 2.1）

表 2.1 主要实验试剂

试剂名称	分子式	规格
钛酸丁酯	$C_{16}H_{36}O_4Ti$	CP
硝酸银溶液	$AgNO_3$	2 g/L
硝酸	HNO_3	AR
乙醇	C_2H_6O	AR
乙酸	$C_2H_4O_2$	AR

2. 实验设备（表 2.2）

表 2.2　主要实验设备

仪器	型号
数控超声波清洗器	KQ5200DB
高速磁力搅拌器	85-2A
真空干燥箱	DZF6000
马弗炉	SXZ-5-12
场发射扫描电子显微镜（FESEM）	SU8010
傅里叶变换红外光谱仪（FTIR）	Nicolet Avatar 330
X 射线衍射仪（XRD）	Bruker D8

注：其他均为实验室常用设备。

3. 制备方法

1）制备纳米 TiO₂

分别称取 5 mL 去离子水和 20 mL 无水乙醇搅拌均匀，滴加少量硝酸使溶液 pH 为 3，制成水的乙醇溶液 A。取 10 mL 钛酸丁酯和 4 mL 乙酸加入 20 mL 的无水乙醇中，搅拌均匀，制成钛酸丁酯乙醇溶液 B。高速搅拌溶液 A，并缓慢滴加溶液 B，超声波分散混合溶液 30 min，静置陈化 48 h，在真空干燥箱内 75℃干燥，在 450℃下煅烧 3.5 h，得纳米 TiO₂。流程如图 2.1 所示。

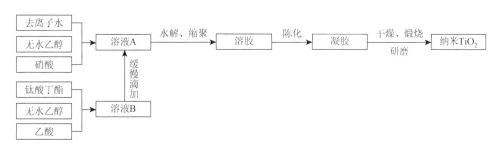

图 2.1　溶胶-凝胶法制备纳米 TiO₂ 流程图

2）制备纳米 Ag/TiO₂

称取一定量的 2 g/L 硝酸银溶液[Ag/Ti 比（物质的量比）分别为 0.5%、1%、1.5%、2%]溶于 40 mL 无水乙醇中，再加入 5 mL 去离子水和少量稀硝酸，搅拌均匀，制成硝酸银乙醇溶液 C。制备 4 份溶液 B，待用。高速搅拌各浓度的溶液 C，并分别缓慢滴加 34 mL 溶液 B，超声波分散 30 min。静置陈化 48 h，在真空干燥箱内 75℃干燥，在 450℃下煅烧 3.5 h，得到不同浓度的纳米 Ag/TiO₂ 的复合材料。流程如图 2.2 所示。

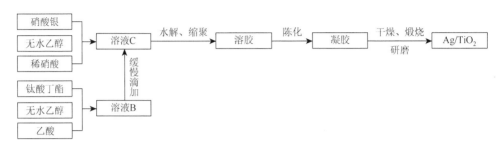

图 2.2　溶胶-凝胶法制备纳米 Ag/TiO₂ 流程图

4. 化学结构和元素含量测定

取少量纳米 TiO₂ 和不同载银量的纳米 Ag/TiO₂ 粘贴在载物台上，真空离子喷镀金膜，采用 FESEM（SU8010 型）观察纳米粒子的形貌特征，并用能量色散 X 射线分析（EDX）确定元素组成。

5. 结晶度测定

将纳米 TiO₂ 和纳米 Ag/TiO₂ 在真空干燥箱中烘至绝干制成粉末样品，将其放入 X 射线衍射仪（XRD）载物片凹槽内，用玻璃片轻轻按压，使粉末平整，与 XRD 载物片表面平齐，放入 X 射线衍射仪（Bruker D8 型）进行晶相分析，扫描范围为 10°～80°，转靶速度为 2°/min。

采用衍射峰宽化法，按照 Scherrer 公式计算平均晶粒尺寸 D（周健和王河锦，2002）：

$$D = k / \beta \cos\theta \qquad (2.1)$$

式中，k 为 Scherrer 常数，取值为 0.89；β 为以弧度为单位的 X 射线最强衍射峰（101）面的半高宽值；θ 为布拉格衍射角。

2.1.3　结果与分析

1. 微观构造

图 2.3 是纳米 TiO₂ 和纳米 Ag/TiO₂ 的 FESEM 图。从图上可知，制备的纳米 TiO₂ 呈球形，颗粒尺寸较为均匀，出现部分团聚现象。纳米 Ag/TiO₂（12.5 mL）的颗粒尺寸明显增加，团聚程度比纳米 TiO₂ 严重，分散性差。这是由于纳米 TiO₂ 中的 Ti—O 键的距离较短，且长度不等，呈现强极性，可使附着的水分子离解形

成羟基，羟基间产生了氢键和范德瓦耳斯力，使纳米 TiO$_2$ 进一步团聚形成尺寸较大的二次粒子，而掺杂 Ag 后的纳米 TiO$_2$ 极性更强，更易相互吸附团聚（王洪水，2006）。

(a) TiO$_2$　　　　　　　　　　　　　　　(b) Ag/TiO$_2$(12.5 mL)

图 2.3　纳米 TiO$_2$ 和纳米 Ag/TiO$_2$ 的 FESEM 图

2. 元素含量

图 2.4 为纳米 TiO$_2$ 和纳米 Ag/TiO$_2$（12.5 mL）的能量色散 X 射线分析（EDX）图谱分析元素含量。由图 2.4（a）可知，检测结果中出现了 Ti、O、C、Au 的特征峰，说明被测物中含有 Ti、O、C、Au 元素，其中 Ti 和 O 来自生成的 TiO$_2$，C 来自底层导电胶，Au 来自喷金处理。图 2.4（b）中出现了 Ag 特征峰，说明制备的纳米 Ag/TiO$_2$（12.5 mL）中有 Ag 元素存在。表 2.3 量化分析了原子百分数，纳米 TiO$_2$、纳米 Ag/TiO$_2$（12.5 mL、25 mL、37.5 mL、50 mL）的 Ag/Ti 比分别为 0%、0.47%、1.07%、1.46%、2.03%，由于取值的随机性以及元素可能存在分布不均匀的现象，可推测添加 12.5 mL、25 mL、37.5 mL、50 mL AgNO$_3$ 溶液制备的纳米 Ag/TiO$_2$ 载银量为 0.5%、1%、1.5%、2%。

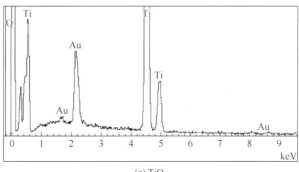

(a) TiO$_2$

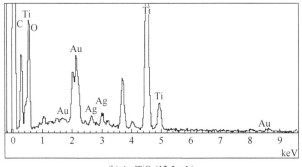

(b) Ag/TiO$_2$(12.5 mL)

图 2.4 纳米 TiO$_2$ 和纳米 Ag/TiO$_2$ 的 EDX 图谱

表 2.3 纳米 TiO$_2$ 和纳米 Ag/TiO$_2$ 的原子百分数

元素	TiO$_2$/%	（Ag/TiO$_2$ ）/%			
		12.5 mL	25 mL	37.5 mL	50 mL
O	55.16	63.51	66.92	62.53	65.21
Ti	25.61	14.86	21.48	18.51	31.57
Ag	—	0.07	0.23	0.27	0.64
C	16.39	20.56	10.59	17.63	—
Au	2.84	1	0.78	1.06	2.58

3. 结晶度

图 2.5 为纳米 TiO$_2$ 和不同载银量纳米 Ag/TiO$_2$ 的 XRD 谱图。图 2.5（a）在 2θ 为 25.3°、37.8°、48.0°、53.8°、55.1°、62.2° 处出现了 TiO$_2$ 的锐钛矿型吸收峰，说明制备的 TiO$_2$ 晶型为锐钛矿型。TiO$_2$ 的晶体结构分为锐钛矿型、金红石型、板钛矿型三种，其中金红石型晶体光催化活性非常低，板钛矿型晶体结构最不稳定，只有锐钛矿型晶体光催化活性高，因此可推测该方法可生成具有高光催化活性的纳米 TiO$_2$。图 2.5（b）～（e）在保持锐钛矿型吸收峰的基础上，又在 2θ 为 38.1° 和 64.4° 处出现了 Ag 的特征峰，并且随着载银量的增加，特征峰逐渐显著，证明有单质 Ag 吸附于 TiO$_2$ 表面上，且没有改变 TiO$_2$ 晶型（王玉光，2012）。

如表 2.4 所示，纳米 TiO$_2$ 的平均晶粒尺寸为 14.43 nm，载银后，晶体尺寸变大，并随着载银量的增加而持续增大。当载银量为 2% 时，晶体尺寸达到 51.53 nm。这是由于银元素以晶格银离子（Ag$^+$）、晶格银原子（Ag^0）和银单质的形式存在于纳米 Ag/TiO$_2$ 中，银离子半径比钛离子半径大，导致纳米 Ag/TiO$_2$ 平均半径增加（辛柏福等，2004）。

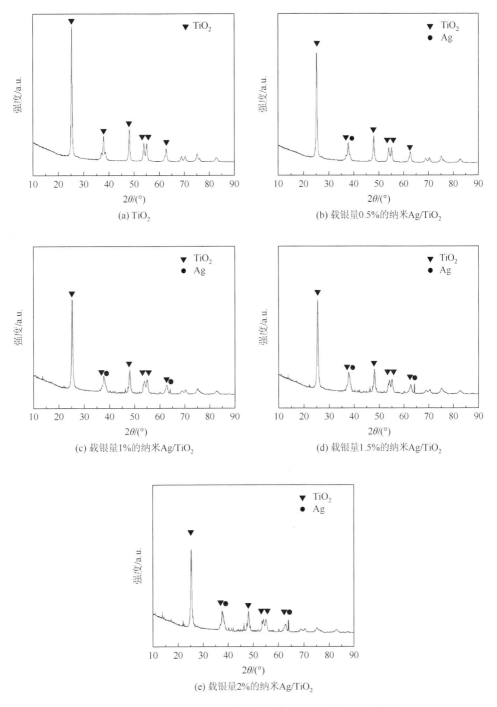

图 2.5　纳米 TiO₂ 和不同载银量纳米 Ag/TiO₂ 的 XRD 谱图

表 2.4　纳米 TiO_2 和纳米 Ag/TiO_2 的平均晶体尺寸（nm）

	TiO_2	Ag/TiO_2			
		12.5 mL	25 mL	37.5 mL	50 mL
平均粒径	14.43	38.95	32.20	48.13	51.53

2.1.4　本节小结

（1）采用溶胶-凝胶法成功制备纳米 TiO_2，纳米 TiO_2 为锐钛矿相晶型，平均粒径为 14.43 nm，颗粒尺寸较为均匀，出现部分团聚现象。

（2）采用溶胶-凝胶法成功制备出纳米 Ag/TiO_2，TiO_2 依旧保持锐钛矿相晶型，添加 12.5 mL、25 mL、37.5 mL、50 mL $AgNO_3$ 溶液制备的纳米 Ag/TiO_2 载银量为 0.5%、1%、1.5%、2%，平均粒径为 38.95 nm、32.20 nm、48.13 nm、51.53 nm，粒径大于纳米 TiO_2，团聚程度比纳米 TiO_2 严重，分散性差，待进一步分散处理。

2.2　纳米 Ag/TiO_2 防霉性能及机制

2.2.1　引言

锐钛矿型纳米 TiO_2 在紫外光下具有极强的氧化性能，起到灭菌、抑菌及自清洁的作用，但在实际生活中，木材的使用范围主要是室内外建筑装饰材料，接受的光照条件为自然光，其中紫外光所占比例较少，使得抗菌效果下降，限制了 TiO_2 的应用。在纳米 TiO_2 中掺杂纳米 Ag 可以解决这一问题，文献中已报道了纳米 Ag/TiO_2 对大肠埃希菌、金黄色葡萄球菌等细菌的抑制作用，但对真菌作用的研究不足，并且缺乏系统性，特别是少有针对易于感染木材的菌种如黑曲霉菌（*Aspergillus niger*）和绿色木霉菌（*Trichoderma viride*）的研究，使得纳米 Ag/TiO_2 在木材的应用上缺乏理论依据。为了系统研究纳米 Ag/TiO_2 对木材常见菌的抑菌作用，本节测定了不同试剂类型、载银量、光照条件和浓度对黑曲霉菌和绿色木霉菌的抑制效果，并得出各条件下的最低抑菌浓度（minimal inhibitory concentration，MIC），根据实验结果对纳米 Ag/TiO_2 的抗菌机理进行分析，旨在为纳米 Ag/TiO_2 的实际应用提供理论参考。

2.2.2　材料与方法

1. 实验材料

1）供试菌种

黑曲霉（*Aspergillus niger* var. *niger* Tiegh. 菌株编号 cfcc 82449）；绿色木霉（*Trichoderma viride* Pers. 菌株编号 cfcc 85491）。购于中国林业微生物菌种保藏管理中心。

2）主要试剂（表 2.5）

表 2.5　主要实验试剂

试剂名称	分子式	规格
载银纳米二氧化钛	Ag/TiO₂	载银量 0.5%、1%、1.5%、2%
纳米二氧化钛	TiO₂	AR
葡萄糖	C₆H₁₂O₆	AR
琼脂	—	AR
磷酸氢二钾	K₂HPO₄	AR
氯化钠	NaCl	AR
吐温-80	—	AR

2. 实验设备（表 2.6）

表 2.6　主要实验设备

仪器	型号
霉菌培养箱	MJPS-250
生化培养箱	PSE
超净工作台	VS-G-1A
蒸汽高压灭菌器	YX-280DII
离心机	GL-20G-C
恒温水浴锅	HHS-8S

注：其他均为实验室常用设备。

3. 培养基的制备

将新鲜的马铃薯洗净去皮，切成小块，称量 100 g，加入 500 mL 蒸馏水，持续煮沸 30 min，纱布滤去残渣，加蒸馏水补至 500 mL，加入葡萄糖 10 g，琼脂

10 g，加热搅拌至溶化均匀，分装在 2 个 500 mL 锥形瓶中，瓶口包覆封口膜和牛皮纸，置于蒸汽高压灭菌器内 121℃灭菌 20 min。在超净工作台上放置到 45℃时倒入无菌培养皿中，制成平板培养基备用。

4. 菌悬液的制备

分别称取 KH_2PO_4、$K_2HPO_4·3H_2O$、NaCl 各 1.4 g、3.5 g、8.5 g，加入 500 mL 去离子水搅拌至完全溶解，并将黑曲霉和绿色木霉接种于试管斜面培养基中，在 28℃下培养 7～14 d，产生大量孢子。在斜面培养基内加入适量无菌水，用无菌接种环刮取孢子并置于组织研磨器中研磨，使孢子分散，然后用纱布过滤去除菌丝。将其置于离心机中分离，去上层清液，留取孢子，再加入洗脱液，重复操作三次。最后，将孢子悬浮液置于无菌锥形瓶中，在 60℃的恒温水浴锅内放置 30 min，去除真菌营养体，使用前应于 4～7℃冷藏，制备后 5 d 内使用。

5. 菌悬液的平板菌落计数

用无菌移液枪取 0.5 mL 菌悬液沿管壁缓慢注入含 4.5 mL 无菌水的试管中，振荡摇匀，并标注 10^{-1}；更换无菌枪头后，在 10^{-1} 试管中取 0.5 mL 菌悬液沿管壁缓慢注入另一个含 4.5 mL 无菌水的试管中，振荡摇匀，并标注 10^{-2}；以此方法稀释至 10^{-3}、10^{-4}、10^{-5}、10^{-6}。取 10^{-4}、10^{-5}、10^{-6} 三个稀释浓度的菌悬液，每个稀释浓度分别吸取 1 mL 液体于 3 个 Φ90 mm 的无菌培养皿上，并取 1 mL 无菌水加入 3 个无菌培养皿作空白对照。将 15～20 mL 冷却到 45℃的培养基倒在培养皿内，快速转动以混匀。在培养箱中培养 48 h 后计数，按计数值将菌悬液稀释至 10^6 CFU/mL，放置在 4℃的冰箱中备用。

6. 试剂种类对防霉的影响（平板菌落计数法）

参考 GB/T 23763—2009《光催化抗菌材料及制品 抗菌性能的评价》的方法。称取 1 g 纳米 Ag/TiO_2（载银量 1%）溶于 9 g 无菌水中，摇匀，配成浓度为 10% 的纳米 Ag/TiO_2 水溶液。用无菌移液枪移取 10^6 CFU/mL 黑曲霉菌悬液 9 mL 于无菌试管中，再移取 1 mL 纳米 Ag/TiO_2 水溶液，使得纳米 Ag/TiO_2 的浓度为 1%。另取一个无菌试管移取 10^6 CFU/mL 黑曲霉菌悬液 9 mL 和无菌水 1 mL，作为空白对照。将 1 mL 1%纳米 Ag/TiO_2 的菌悬液和空白对照分别滴在 50 mm×50 mm 医用级聚乙烯膜上，并覆盖 40 mm×40 mm×0.1 mm 的医用级聚乙烯膜，使菌液分散均匀，制成纳米 Ag/TiO_2 菌悬液试样和空白对照试样。

将纳米 Ag/TiO_2 菌悬液试样分别放置于紫外光（15 W）和自然光（15 W）条件下，温度 35℃，相对湿度 85%，培养 24 h，试样在每个光照条件下做三组平行实验。最后，分别用自制的缓冲生理盐水洗脱液充分洗脱空白对照试样、紫外光纳米 Ag/TiO₂ 菌悬液试样和自然光纳米 Ag/TiO₂ 菌悬液试样，并进行培养，计算活菌计数。

$$N = C \times D \times V \tag{2.2}$$

式中，C 为 3 个培养皿的平均菌落数（CFU）；D 为稀释倍数；V 为使用的自制洗脱液体积（mL）；N 为活菌数（CFU）。

抗菌率的计算公式为

$$R = [(N_0 - N_1) / N_0] \times 100\% \tag{2.3}$$

式中，N_0 为空白对照试样的活菌计数数值（CFU）；N_1 为光照试样经培养后的活菌计数数值（CFU）；R 为抗菌率（%）。

按上述方法制备纳米 Ag/TiO₂ 的绿色木霉菌悬液试样、纳米 TiO₂ 的黑曲霉菌悬液试样、纳米 TiO₂ 的绿色木霉菌悬液试样，并得出其在紫外光和自然光下的抗菌率。

7. 载银量对防霉的影响（平板菌落计数法）

按上述 6.的方法，取载银量为 0.5%、1%、1.5%、2%的纳米 Ag/TiO₂ 粉末分别制备纳米 Ag/TiO₂ 浓度为 1%的黑曲霉菌悬液试样和绿色木霉菌悬液试样，分别放置于紫外光和自然光条件下，温度 35℃，相对湿度 85%，培养 24 h，试样在每个载药量下做三组平行实验，计算得出不同载银量纳米 Ag/TiO₂ 的抗菌率。

8. 光照条件对防霉的影响（平板菌落计数法）

按上述 6.的方法制备纳米 Ag/TiO₂（1% Ag）浓度为 1%的黑曲霉菌悬液试样和纳米 Ag/TiO₂ 的绿色木霉菌悬液试样，分别放置于紫外光和自然光条件下，温度 35℃，相对湿度 85%，培养 4 h、8 h、12 h、16 h、20 h、24 h，试样在每个光照时间下做三组平行实验，计算得出每种光照条件下的抗菌率。

9. 试剂浓度对防霉的影响（平板菌落计数法）

按上述 6.的方法制备纳米 Ag/TiO₂（1% Ag）浓度为 1%、0.5%、0.25%、0.125%、0.0625%的黑曲霉菌悬液试样和绿色木霉菌悬液试样，分别放置于紫外光和自然光条件下，温度 35℃，相对湿度 85%，培养 24 h，每种试剂浓度的试样做三组平行实验，计算得出不同浓度试样的抗菌率。

10. 最低抑菌浓度的测定（琼脂稀释法）

取 1 g 纳米 Ag/TiO₂（1% Ag）溶于 9 mL 无菌水中，摇匀，配成质量分数为 10%的纳米 Ag/TiO₂ 水溶液，并逐步稀释得到 5%、2.5%、1.25%、0.625%的纳米 Ag/TiO₂ 水溶液。将纳米 Ag/TiO₂ 水溶液与培养基按照 1:9 的比例混合，使培养基的纳米 Ag/TiO₂ 为 1%、0.5%、0.25%、0.125%、0.0625%。

用无菌移液枪移取 10^6 CFU/mL 黑曲霉菌和绿色木霉菌 0.2 mL 于无菌培养皿上，将含药培养基缓缓倒于培养皿中，轻轻摇匀，使菌悬液与培养基充分混合，待凝固后翻转培养皿，置于紫外光和自然光条件下，温度 28℃，相对湿度 85%，培养 72 h，同时以添加无菌水的培养基为空白对照，每个浓度做三组平行实验，观察试菌生长情况，以不长菌的平板所用浓度为最小抑菌浓度。

2.2.3　结果与分析

1. 试剂种类对防霉的影响

表 2.7 为纳米 TiO_2 和纳米 Ag/TiO_2（1% Ag）对黑曲霉和绿色木霉的抗菌率。图 2.6 为纳米 TiO_2 和纳米 Ag/TiO_2 的防霉效果图，其中空白组稀释 10^4 倍，其他稀释 10^3 倍。由表可知，纳米 TiO_2 在自然光环境下的抗菌率为 89.90% 和 93.63%，在紫外光环境下的抗菌率为 96.12% 和 98.03%，由此可知纳米 TiO_2 在紫外光环境下的防霉效果优于自然光环境，且对绿色木霉的防霉效果略优于黑曲霉。纳米 Ag/TiO_2 在自然光和紫外光环境下的抗菌率都能达到 99.99%，说明纳米 Ag/TiO_2 对光源要求不高，在紫外光和自然光环境下均能表现出优异的防霉效果，且在同样的光源条件下，防霉性能高于纳米 TiO_2。

表 2.7　试剂种类对抗菌率的影响

种类	光源	抗菌率/%	
		黑曲霉	绿色木霉
TiO_2	自然光	89.90	93.63
	紫外光	96.12	98.03
Ag/TiO_2（1%）	自然光	99.99	99.99
	紫外光	99.99	99.99

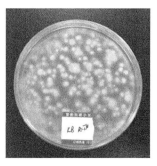 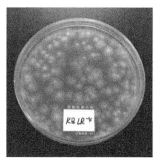

(a) 空白，自然光，黑曲霉(×10⁴)　　　(b) 空白，自然光，绿色木霉(×10⁴)

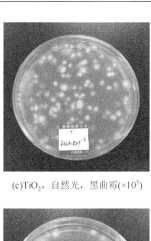
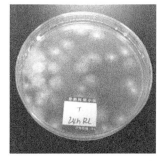

(c)TiO$_2$，自然光，黑曲霉($\times 10^3$)　　(d) TiO$_2$，自然光，绿色木霉($\times 10^3$)

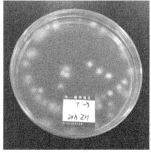
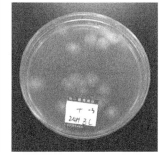

(e) TiO$_2$，紫外光，黑曲霉($\times 10^3$)　　(f) TiO$_2$，紫外光，绿色木霉($\times 10^3$)

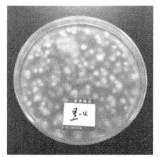
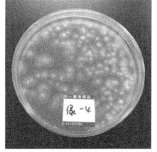

(g) 空白，紫外光，黑曲霉($\times 10^4$)　　(h) 空白，紫外光，绿色木霉($\times 10^4$)

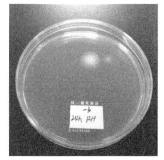
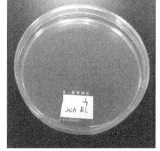

(i) Ag/TiO$_2$，自然光，黑曲霉($\times 10^3$)　　(j) Ag/TiO$_2$，自然光，绿色木霉($\times 10^3$)

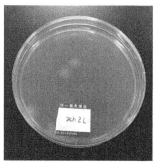

(k) Ag/TiO₂，紫外光，黑曲霉(×10³)　　(l) Ag/TiO₂，紫外光，绿色木霉(×10³)

图 2.6　纳米 TiO₂ 和纳米 Ag/TiO₂ 的防霉效果图（空白组稀释 10^4 倍，其他稀释 10^3 倍）

纳米 TiO₂ 在紫外光的照射下产生电子-空穴对，与表面的 O₂ 和 H₂O 形成活性羟基和超氧离子，具有强氧化性，可以与真菌的细胞壁、细胞膜和细胞内成分发生生化反应，起到灭菌和抑菌的效果，而自然光中紫外光所占比例较少，所以抗菌效果下降。纳米 Ag/TiO₂ 的抗菌效果高于纳米 TiO₂。一方面是由于纳米 Ag 作为浅势阱捕获光生电子，延长光生载流子寿命，提高 TiO₂ 光催化活性，从而提高纳米 TiO₂ 在自然光下的抗菌率（Yeh et al.，2017）；另一方面，纳米银本身也具有很好的抗菌性能，能够破坏菌体外膜，使内容物外泄，损伤 DNA，使脱氢酶失去活性，与纳米 TiO₂ 具有协同作用（刘杰等，2013；Liu et al.，2012）。

2. 载银量对防霉的影响

表 2.8 为不同载银量在自然光条件下对抗菌率的影响。随载银量的增加，抗菌率呈先升高后降低的趋势，当载银量为 1%时，对黑曲霉和绿色木霉菌的抗菌率均达到 99.99%，这是由于当载银量过低时，捕获电子或空穴的浅势阱数量不多，无法有效抑制光生电子和空穴的复合，在可见光下抗菌率不高；当载银量过高时，在 TiO₂ 的表面沉积的 Ag 成为电子-空穴对的复合中心，光催化活性反而下降，因此抗菌率也降低（Yeh et al.，2017；王毅等，2012）。

表 2.8　载银量对抗菌率的影响（自然光）

Ag/TiO₂ 载银量	抗菌率/%	
	黑曲霉	绿色木霉
0.5%	98.15	99.09
1%	99.99	99.99
1.5%	99.27	99.99
2%	96.73	97.36

3. 光照条件对防霉的影响

图 2.7 和图 2.8 为不同光照条件下纳米 Ag/TiO$_2$（1% Ag）对黑曲霉和绿色木霉的抗菌率影响。当光照时间为 4 h 时，在自然光和紫外光条件下，对黑曲霉的抗菌率分别为 42.05% 和 62.38%，在自然光照射 20 h、紫外光照射 16 h 时，抗菌率均达到 99.99%；当光照时间为 4 h 时，在自然光和紫外光条件下，对绿色木霉的抗菌率分别为 81.02% 和 83.07%，在自然光照射 20 h、紫外光照射 16 h 时，抗菌率均达到 99.99%。

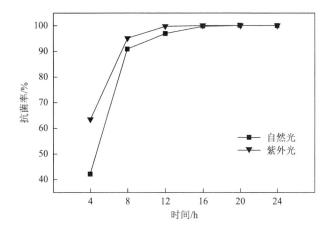

图 2.7　不同光照条件下纳米 Ag/TiO$_2$（1% Ag）对黑曲霉的抑制作用

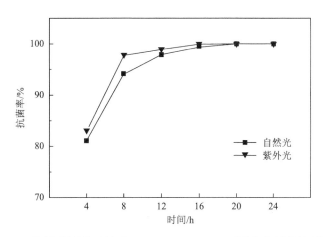

图 2.8　不同光照条件下纳米 Ag/TiO$_2$（1% Ag）对绿色木霉的抑制作用

由此可知，光照时间与抗菌率呈正相关，随着光照时间延长，自然光和紫外光条件下的抗菌率均大幅提升，当光照时间满 8 h 时，抗菌率均达到 90% 以上，因此，当纳米 Ag/TiO_2 作为木材防霉剂用于室内外环境时，正常的日照时长就能达到优异的防霉效果，满足防霉要求，无需额外补充光照；当光照时间小于 20 h 时，相同时长下紫外光比自然光的抗菌率高，这是由于紫外光波长短，能量高，更易激发 TiO_2 产生电子-空穴对，从而提高了抗菌效率，在短时间内即能将霉菌杀死，当光照时间足够长时，防霉效果无差别；同一光照条件下，纳米 Ag/TiO_2 对绿色木霉的抗菌率高于对黑曲霉的抗菌率，说明纳米 Ag/TiO_2 对绿色木霉的抑制作用优于黑曲霉，与上述 1.结论一致。

4. 试剂浓度对防霉的影响

添加不同浓度的纳米 Ag/TiO_2（1% Ag）在紫外光和自然光条件下对黑曲霉和绿色木霉的抗菌率如表 2.9 和表 2.10 所示。结果显示，随着纳米 Ag/TiO_2 浓度的增加，对黑曲霉和绿色木霉的抗菌率显著提高。在紫外光条件下，当浓度达到 0.25%时，对黑曲霉和绿色木霉的抗菌率均为 99.99%；在自然光条件下，当浓度达到 0.25%时，对绿色木霉的抗菌率为 99.99%，当浓度达到 0.5%时，对黑曲霉的抗菌率为 99.99%。

表 2.9　浓度对抗菌率的影响（紫外光）

浓度/%	抗菌率/%	
	黑曲霉	绿色木霉
1	99.99	99.99
0.5	99.99	99.99
0.25	99.99	99.99
0.125	95.19	97.02
0.0625	86.12	92.74

表 2.10　浓度对抗菌率的影响（自然光）

浓度/%	抗菌率/%	
	黑曲霉	绿色木霉
1	99.99	99.99
0.5	99.99	99.99
0.25	98.25	99.99
0.125	96.01	95.13
0.0625	84.35	87.83

5. 最低抑菌浓度

表 2.11 和表 2.12 为纳米 Ag/TiO_2（1% Ag）及纳米 TiO_2 对黑曲霉和绿色木霉

的最低抑菌浓度。相同光照条件下，纳米 Ag/TiO₂ 的最低抑菌浓度低于纳米 TiO₂
的最低抑菌浓度，说明纳米 Ag/TiO₂ 的防霉效果更好；光照条件对纳米 TiO₂ 抗菌
效果影响显著，在紫外光条件下的最低抑菌浓度为自然光条件下的 1/4 和 1/2；与
黑曲霉相比，纳米 Ag/TiO₂ 和纳米 TiO₂ 对绿色木霉的最低抑菌浓度更小，说明纳
米 Ag/TiO₂ 和纳米 TiO₂ 对绿色木霉的抑制作用优于黑曲霉。这与上述 1.、3.、4.
得出的结论一致。

表 2.11　纳米 Ag/TiO₂（1% Ag）最低抑菌浓度

光源	浓度/%	
	黑曲霉	绿色木霉
自然光	0.125	0.125
紫外光	0.125	0.0625

表 2.12　纳米 TiO₂ 最低抑菌浓度

光源	浓度/%	
	黑曲霉	绿色木霉
自然光	1	0.5
紫外光	0.25	0.25

2.2.4　纳米 Ag/TiO₂ 防霉机制

由以上实验结果可知，纳米 Ag/TiO₂ 防霉性能较纳米 TiO₂ 更强，但目前纳米
Ag/TiO₂ 抗菌机理还无统一定论，结合实验结果及相关文献对纳米 Ag/TiO₂ 抗菌机
理进行综合分析。

1. 催化作用

纳米 TiO₂ 的禁带宽度为 3.2 eV，当大于或等于 3.2 eV 光子能量的光照射 TiO₂
时，才能形成电子-空穴对，因此纳米 TiO₂ 只响应紫外光，不响应可见光，而纳
米 Ag 的掺杂可以改变这一现象。当紫外光照射时，纳米 TiO₂ 中的电子从价带跃
迁到导带，由于 Ag 与 TiO₂ 接触面上产生金属与半导体的费米能级差，促进光生
电子（e⁻）由纳米 TiO₂ 向金属银迅速移动，直到它们的能级相同，从而形成肖特
基势垒，并起到光生电子浅势捕获阱的作用，抑制了电子和空穴的复合，提高了
电子-空穴对的寿命，从而提高催化活性，进而提高了在紫外光下的抗菌性，原理
如图 2.9（a）所示（李雪松，2015；李春忠等，1999）。当可见光照射时，纳米

Ag 由于表面等离子共振效应产生电子-空穴对，电子转移至纳米 TiO$_2$ 导带还原氧气，空穴氧化分解霉菌，从而起到防霉抗菌作用，原理如图 2.9（b）所示（刘锐，2013；Xiang et al.，2010；Paramasivam et al.，2008；Zhang et al.，2008）。

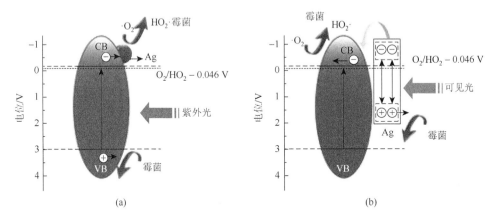

图 2.9　纳米 Ag/TiO$_2$ 光催化原理示意图

　　纳米 Ag/TiO$_2$ 中的银元素以晶格银离子（Ag$^+$）、晶格银原子（Ag^0）和银单质三种形式存在于纳米 Ag/TiO$_2$ 中。当载银量较低时，银元素主要以晶格银离子（Ag$^+$）和晶格银原子（Ag^0）的形式存在，随着载银量的升高，Ag 在晶格中呈不稳定状态，Ag$^+$向外扩散，被还原成银单质以团簇或颗粒形式存在于 TiO$_2$ 表面，当载银量过高时，银单质覆盖于 TiO$_2$ 表面，形成光生电子和空穴的复合中心并遮挡紫外光照射，使得防霉性能下降，纳米 Ag/TiO$_2$ 结构形态如图 2.10 所示（王洪水，2006；辛柏福等，2004）。

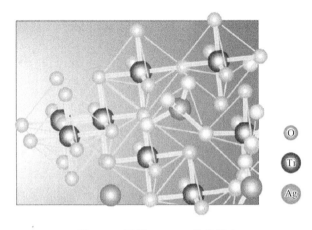

图 2.10　纳米 Ag/TiO$_2$ 结构形态

2. 协同作用

纳米 Ag 本身就是一种高效的抗菌剂，能够与纳米 TiO$_2$ 的抗菌效果相叠加。首先纳米 Ag 被细胞表面的负电荷物质吸引，释放出 Ag$^+$，Ag$^+$ 能够破坏细胞壁和细胞膜，使得细胞表面形成众多小孔，增加了细胞通透性，细胞代谢的必要物质如糖、蛋白质等从孔洞流出，导致细胞死亡；进入细胞中的 Ag$^+$ 还能与 DNA 结合，影响遗传物质的正常转导，使其失去复制能力；还能与菌体中酶蛋白巯基（—SH）反应使其失活，干扰细胞生命活动从而导致菌体死亡。纳米 TiO$_2$ 的微孔结构进一步增强了对细菌、真菌的吸附作用，使得纳米 Ag 防霉效率更高，防霉机理如图 2.11 所示。

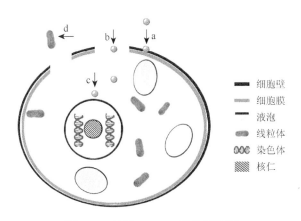

图 2.11　纳米 Ag/TiO$_2$ 的协同作用

a. 纳米 Ag/TiO$_2$ 破坏真菌的细胞壁和细胞膜；b. 纳米 Ag/TiO$_2$ 进入真菌内部；
c. 破坏真菌遗传物质，使其失去复制能力；d. 真菌内容物外泄

2.2.5　本节小结

本节系统研究了纳米 Ag/TiO$_2$ 对黑曲霉和绿色木霉的抑制能力，对比了试剂类型、载银量、光照条件、试剂浓度对纳米 Ag/TiO$_2$ 抗菌能力的影响。测定了纳米 Ag/TiO$_2$ 对不同菌株的最低抑菌浓度。结果表明：

（1）纳米 Ag/TiO$_2$ 的抗菌效果优于纳米 TiO$_2$。在自然光环境下，纳米 TiO$_2$ 对黑曲霉和绿色木霉的抗菌率分别为 89.90% 和 93.63%，在紫外光环境下分别为 96.12% 和 98.03%，而纳米 Ag/TiO$_2$ 在自然光和紫外光条件下均能达到 99.99%。

（2）随着载银量的增加，抗菌率呈先升高后降低的趋势，当载银量为 1% 时，对黑曲霉和绿色木霉的抗菌率均达到 99.99%。

（3）光照时间与抗菌率呈正相关，随着光照时间的延长，抗菌率大幅提升；

纳米 Ag/TiO$_2$ 浓度对抗菌率影响显著，随着纳米 Ag/TiO$_2$ 浓度的增加，抗菌率有所提高；光源对抗菌率有一定影响，相同时长下，紫外光比自然光抗菌率高。

（4）纳米 Ag/TiO$_2$ 的浓度对抗菌率影响显著，随着纳米 Ag/TiO$_2$ 浓度的增加，对黑曲霉和绿色木霉的抗菌率均有所提高。在紫外光条件下，当浓度达到 0.25% 时，抗菌率均为 99.99%；在自然光条件下，当浓度达到 0.25% 时，对绿色木霉的抗菌率为 99.99%，当浓度达到 0.5% 时，对黑曲霉的抗菌率为 99.99%。

（5）纳米 Ag/TiO$_2$ 对黑曲霉和绿色木霉的最低抑菌浓度在自然光条件下分别为 0.125% 和 0.125%，在紫外光条件下分别为 0.125% 和 0.0625%；纳米 TiO$_2$ 对黑曲霉和绿色木霉的最低抑菌浓度在自然光条件下分别为 1% 和 0.5%，在紫外光条件下分别为 0.25% 和 0.25%。

（6）纳米 Ag/TiO$_2$ 防霉性能较纳米 TiO$_2$ 更强，并且在自然光条件下仍具有很好的防霉效果。一方面，纳米 Ag 起到浅势捕获阱作用，提高纳米 TiO$_2$ 光催化活性；另一方面，由于纳米 Ag 本身就是一种高效抗菌剂，能够与纳米 TiO$_2$ 抗菌效果相叠加。

2.3　本章小结

本章开展了纳米 Ag/TiO$_2$ 的制备、防霉性能及防霉机理的研究，结论如下：

（1）采用溶胶-凝胶法制备了锐钛矿相晶型纳米 TiO$_2$，平均粒径 14.43 nm，颗粒尺寸较均匀，出现部分团聚现象。制备了载银量为 0.5%、1%、1.5%、2% 的纳米 Ag/TiO$_2$，平均粒径分别为 38.95 nm、32.20 nm、48.13 nm、51.53 nm，仍保持锐钛矿相晶型，但团聚程度更严重，分散性差，待进一步分散处理。

（2）纳米 Ag/TiO$_2$ 较纳米 TiO$_2$ 防霉效果更优。在自然光环境下，纳米 TiO$_2$ 对黑曲霉和绿色木霉抗菌率分别为 89.90% 和 93.63%，在紫外光环境下分别为 96.12% 和 98.03%，纳米 Ag/TiO$_2$ 在自然光和紫外光条件下均能达到 99.99%。当载银量为 1%，对黑曲霉和绿色木霉的抗菌率均达到 99.99%。

（3）光照时间与抗菌率呈正相关，随着光照时间延长，抗菌率大幅提升；纳米 Ag/TiO$_2$ 浓度对抗菌率影响显著，随着纳米 Ag/TiO$_2$ 浓度的增加，抗菌率有所提高；光源对抗菌率有一定影响，相同时长下，紫外光比自然光抗菌率高。纳米 Ag/TiO$_2$ 对黑曲霉和绿色木霉的最低抑菌浓度在自然光条件下分别为 0.125% 和 0.125%，在紫外光条件下分别为 0.125% 和 0.0625%。

（4）纳米 Ag/TiO$_2$ 防霉机制可能是催化作用和协同作用共同作用的结果。一方面，纳米 Ag 起到浅势捕获阱作用，提高纳米 TiO$_2$ 光催化活性；另一方面，由于纳米 Ag 本身就是一种高效抗菌剂，能够与纳米 TiO$_2$ 抗菌效果相叠加。

参 考 文 献

金立国, 2005. Ag 掺杂纳米 TiO$_2$ 薄膜制备及其光催化性能的研究[D]. 哈尔滨: 哈尔滨理工大学.

李春忠, 朱以华, 陈爱平, 等, 1999. TiCl$_4$-O$_2$ 体系高温反应制备超细 TiO$_2$ 光催化材料的研究[J]. 无机材料学报, (5): 717-725.

李雪松, 2015. 二氧化钛基纳米复合光催化剂的制备及其性能研究[D]. 长春: 吉林大学.

刘杰, 申文滨, 葛亚丽, 等, 2013. 纳米 Ag-TiO$_2$ 对变异链球菌和白色假丝酵母菌抗菌机制的研究[J]. 中国微生态学杂志, 25 (7): 805-809.

刘锐, 2013. 银修饰型纳米复合材料的制备、表征与可见光光催化性能[D]. 武汉: 武汉理工大学.

王洪水, 2006. 纳米银及载银纳米抗菌材料的研究[D]. 武汉: 华中科技大学.

王毅, 秦连杰, 刘董, 等, 2012. Ag 掺杂 TiO$_2$ 纳米薄膜光催化活性研究进展[J]. 硅酸盐通报, 31 (6): 1482-1485.

王玉光, 2012. 纳米二氧化钛光催化材料研究现状[J]. 无机盐工业, 44 (3): 50-53.

王忠兴, 2012. Ag/TiO$_2$ 复合材料的制备及其在磁场中光催化降解有机染料的研究[D]. 沈阳: 辽宁大学.

辛柏福, 任志宇, 玄立春, 等, 2004. Ag 同步掺杂与沉积对 TiO$_2$ 相变的影响[J]. 黑龙江大学自然科学学报, (1): 100-103.

周健, 王河锦, 2002. X 射线衍射峰五基本要素的物理学意义与应用[J]. 矿物学报, 22(2): 95-101.

Angela G R, Cesar P, 2004. Bactericidal action of illuminated TiO$_2$ on pure *Escherichia coli* and natural bacterial consortia: Post-irradiation events in the dark and assessment of the effective disinfection time[J]. Applied Catalysis B: Environmental, 2 (49): 99-112.

Feng N C, Xu D Y, Qiong W, 2009. Antifungal capability of TiO$_2$ coated film on moist wood [J]. Building and Environment, 44 (5): 1088-1093.

Fujishima A, Rao T N, Tryk D A, 2000. Titanium dioxide photocatalysis[J]. Journal of Photochemistry and Photobiology C: Photochemistry Reviews, 1 (1): 1-21.

Liu F, Liu H, Li X, et al, 2012. Nano-TiO$_2$@Ag/PVC film with enhanced antibacterial activities and photocatalytic properties[J]. Applied Surface Science, 258 (10): 4667-4671.

Paramasivam I, Macak J M, Schmuki P, 2008. Photocatalytic activity of TiO$_2$ nanotube layers loaded with Ag and Au nanoparticles[J]. Electrochemistry Communications, 10 (1): 71-75.

Xiang Q J, Yu J, Cheng B, et al, 2010. Microwave-hydrothermal preparation and visible-light photoactivity of plasmonic photocatalyst Ag-TiO$_2$ nanocomposite hollow spheres[J]. Chemistry: An Asian Journal, 5 (6): 1466-1476.

Xin C, Ji X, Shi W, et al, 2006. P1K-6 Synthesis and characterization of nanostructured titania film for SAW oxygen sensor[J]. Proceedings of the IEEE Ultrasonics Symposium, 1: 1501-1503.

Yeh M H, Chen P S, Yang Y C, et al, 2017. Investigation of Ag-TiO$_2$ interfacial reaction of highly stable Ag nanowire transparent conductive film with conformal TiO$_2$ coating by atomic layer deposition[J]. Applied Materials & Interfaces, 9 (12): 10788-10797.

Zhang H, Wang G, Chen D, et al, 2008. Tuning photoelectrochemical performances of Ag-TiO$_2$ nanocomposites via reduction/oxidation of Ag[J]. Chemistry of Materials, 20 (20): 6543-6549.

第 3 章　纳米 Ag/TiO₂ 表面改性及分散性研究

3.1　引　　言

　　纳米 TiO_2 中的 Ti—O 键间距较短且长度不同，呈现强极性，可离解附着的水分子形成羟基，在氢键和范德瓦耳斯力的作用下产生团聚现象，降低了体积效应、量子尺寸效应。特别是掺杂 Ag 后的纳米 TiO_2 极性更强，更易团聚，严重影响实际应用效果。通过对纳米 TiO_2 表面进行修饰，能有效增强其分散性及其在复合材料中的相容性。分散方法可分为物理方法和化学方法。物理方法包括超声波法、球磨法、机械搅拌法等，该方法能获得较为理想的分散液，但能耗大、成本高，不易工业推广。化学方法包括表面活性剂法、偶联剂法、酯化反应法、表面枝接法等，通过纳米粒子与处理剂之间产生吸附或化合反应，改变表面结构和性能，可根据需要设计表面修饰物质，增强其在溶液及复合材料中的相容性（卢红蓉，2010）。

　　最常见的改性剂为表面活性剂和偶联剂。表面活性剂具有双亲性质，能吸附于纳米粒子表面上，通过其长分子链的空间位阻稳定机制减少团聚现象，使纳米粒子分离，表面活性剂分为离子型表面活性剂、非离子型表面活性剂、两性表面活性剂和复配表面活性剂等（郭璐瑶，2015；Wittmar et al.，2013；欧秀娟和杜海燕，2006；Wang et al.，2004；许淳淳等，2003；Wu et al.，2000）。采用高分子类分散剂 Y15、O18、O14 以及无机类分散剂三聚磷酸钠对纳米 TiO_2 在水中的分散性进行研究，结果表明单组分分散剂中三聚磷酸钠分散效果最好，高分子类分散剂与无机类分散剂复合使用分散效果更显著（许淳淳等，2003）。研究不同分散剂对纳米 TiO_2 水溶液的分散效果，其中二乙醇胺分散效果最佳（郭璐瑶，2015）。阳离子烷基咪唑鎓盐离子溶液能够提高纳米 TiO_2 分散性，且烷基链越长，分散性越好（Wittmar et al.，2013）。还有研究采用十二烷胺、油酸、硬脂酸、十二烷基苯磺酸、间苯二酚杯芳烃等作为分散剂，以提高纳米 TiO_2 的分散效果（Wang et al.，2004；Wu et al.，2000）。

　　偶联剂种类众多，按其结构可分为硅酸盐类、钛酸酯类、铝酸酯类等。选用乳酸钛盐、钛酸酯、硅烷等偶联剂分别改性纳米 TiO_2，并探讨在乙二醇中的分散性能，结果表明乳酸钛盐偶联剂改性后纳米 TiO_2 的分散性最佳（蒋翀等，2003）。通过醇解法将硅烷偶联剂和钛酸酯偶联剂接枝在纳米 TiO_2 表面，改性后的 TiO_2

平均粒径最小可达 50 nm，分散性显著提高（杨平和霍瑞亭，2013）。采用硅烷偶联剂 KH570 改性纳米 TiO$_2$，并探讨温度及用量对改性效果的影响，在添加量为 15%、温度为 60℃时，相对接枝率和亲油化度达到最大值（张春燕等，2016）。另外，还有使用环氧基硅烷、WD-70、AMTE 等对纳米 TiO$_2$ 改性的研究报道（陈云华等，2007；敬承斌等，2002）。

　　本章主要探究通过表面改性提升纳米 Ag/TiO$_2$ 在水中的分散性能，采用表面活性剂、硅烷偶联剂、复合改性剂对纳米 Ag/TiO$_2$ 进行改性，通过对稳定性、粒径、Zeta 电位和结晶度检测，研究表面改性剂对分散性能的影响，甄选最佳表面改性剂。

3.2　材料与方法

3.2.1　实验材料

　　主要实验试剂列于表 3.1 中。

表 3.1　主要实验试剂

试剂名称	规格
载银纳米二氧化钛	载银量 1%，30 nm
六偏磷酸钠	AR
聚乙二醇	AR
十六烷基三甲基溴化铵	AR
γ-氨丙基三乙氧基硅烷	AR
γ-缩水甘油醚氧丙基三甲氧基硅烷	AR
γ-甲基丙烯酰氧丙基三甲氧基硅烷	AR
乙醇	AR

3.2.2　实验设备

　　主要实验设备列于表 3.2 中。

表 3.2　主要实验设备

仪器	型号
数控超声波清洗器	KQ5200DB
高速磁力搅拌器	85-2A

仪器	型号
真空干燥箱	DZF6000
Zeta 电位及粒径分析仪	Nano-ZS90
傅里叶变换红外光谱仪	Nicolet Avatar 330
X 射线衍射仪	Bruker D8
热重分析仪（TGA）	Shimadzu TGA-50H

注：其他均为实验室常用设备。

3.2.3　制备方法

1. 表面活性剂

分别选取阴离子表面活性剂六偏磷酸钠（SHMP）、非离子表面活性剂聚乙二醇（PEG）、阳离子分散剂十六烷基三甲基溴化铵（CTAB）作为分散剂探究纳米 Ag/TiO$_2$ 在水中的分散效果。在 100 mL 去离子水中，加入一定质量（0.2 g、0.4 g、0.6 g）的分散剂（SHMP、PEG、CTAB），搅拌均匀至完全溶解，加入 1 g 纳米 Ag/TiO$_2$，磁力搅拌 20 min，超声（频率 40 kHz，功率 300 W）分散 20 min（超声 50 s，静置 10 s，重复 20 次）。

2. 硅烷偶联剂

分别选取硅烷偶联剂 γ-氨丙基三乙氧基硅烷（KH550）、 γ-缩水甘油醚氧丙基三甲氧基硅烷（KH560）、 γ-甲基丙烯酰氧丙基三甲氧基硅烷（KH570）作为分散剂探究纳米 Ag/TiO$_2$ 在水中的分散效果。分别配制偶联剂（KH550、KH560、KH570）的乙醇溶液，配比为偶联剂：无水乙醇：水的质量比为 20：72：8。称取 1 g 纳米 Ag/TiO$_2$ 溶于 100 mL 的去离子水，高速搅拌分散，在搅拌的同时缓慢加入（2.5 mL、5 mL、7.5 mL）配制好的偶联剂乙醇溶液，持续搅拌 10 min，超声分散 20 min（超声 50 s，静置 10 s，重复 20 次）。

3. 复合改性剂

配制偶联剂 KH560 的乙醇溶液，配比为 KH560：无水乙醇：水的质量比为 20：72：8。在 100 mL 去离子水中，加入 0.6 g SHMP 分散剂，搅拌均匀后加入 1 g 纳米 Ag/TiO$_2$ 粉末，高速搅拌分散，在搅拌的同时缓慢加入 2.5 mL 配制好的 KH560 乙醇溶液，持续搅拌 10 min，超声分散 20 min（超声 50 s，静置 10 s，重复 20 次）。

3.2.4　稳定性测定

将添加表面活性剂（SHMP、PEG、CTAB）、硅烷偶联剂（KH550、KH560、KH570）和复合改性剂（SHMP + KH560）的纳米 Ag/TiO₂ 分散液充分超声分散。用 25 mL 的量筒盛装，静置 10 d，观测分层状况并记录上清液的刻度。

3.2.5　粒径测定

用 Zeta 电位及粒径分析仪（Nano-ZS90）测定纳米 Ag/TiO₂ 的粒径。将配制好的纳米 Ag/TiO₂ 分散液用去离子水稀释 100 倍，每种试样检测三次，取平均值。纳米 Ag/TiO₂ 粒子在水中相互撞击产生布朗运动，引起多普勒效应，导致准弹性散射，动态光散射技术是通过散射光起伏变化得出粒径大小 R：

$$R = \frac{k_B T}{6\pi\eta D} \tag{3.1}$$

式中，k_B 为玻尔兹曼常量；T 为热力学温度；η 为液体的黏度；D 为扩散系数。

3.2.6　Zeta 电位测定

用 Zeta 电位及粒径分析仪（Nano-ZS90）测定纳米 Ag/TiO₂ 分散液的 Zeta 电位。将配制好的纳米 Ag/TiO₂ 分散液用去离子水稀释 100 倍，每种试样检测三次，取平均值。Zeta 电位绝对值越大，粒子间斥力位能越大，粒子越不易团聚，分散效果更佳。

3.2.7　结晶度测定

添加复合改性剂（SHMP 0.6 g、KH560 2.5 mL）的纳米 Ag/TiO₂ 分散液在真空干燥箱中烘至绝干制成粉末样品，将其放入 XRD 载物片凹槽内，用玻璃片轻轻按压，使粉末平整，与 XRD 载物片表面平齐，放入 X 射线衍射仪（Bruker D8型）进行晶相分析，扫描范围为 10°～80°，转靶速度为 2°/min。

3.3　结果与分析

3.3.1　表面活性剂对分散性能的影响

1. 稳定性

图 3.1 为添加表面活性剂的纳米 Ag/TiO₂ 分散液静置 10 d 后拍摄的照片（从

左至右分别为表面活性剂与纳米 Ag/TiO₂ 质量比为 0.2、0.4、0.6）。可以观察到添加表面活性剂的分散液均未出现明显沉淀，加入 SHMP 的分散液呈颜色均一的乳白色，均匀且透光性弱，说明分散液稳定性较佳。添加 PEG 和 CTAB 的分散液透光性变强，特别是 CTAB 出现少量上层清液，表明体系内少部分粒子出现团聚情况，使得体系稳定性下降。由直观观测稳定性可知，添加 SHMP 的纳米 Ag/TiO₂分散液的稳定性高于添加 PEG 和 CTAB 的分散液。

(a) 添加SHMP　　　　　　(b) 添加PEG　　　　　　(c) 添加CTAB

图 3.1　添加表面活性剂的纳米 Ag/TiO₂

2. 粒径分布

图 3.2 为未添加表面活性剂和添加 SHMP、PEG、CTAB 时纳米 Ag/TiO₂ 的粒径分布。由图 3.2（a）可知，未添加表面活性剂时，粒径呈三峰分布，峰值主要分布在 104 nm、571 nm、4421 nm，平均粒径为 456.1 nm，粒径分布不均匀，尺寸较大。添加 SHMP、PEG、CTAB（表面活性剂：纳米 Ag/TiO₂ = 0.2）后，纳米 Ag/TiO₂ 粒径呈单峰或双峰，分布更加均匀，平均粒径为 399 nm［图 3.2（b）］、455.4 nm［图 3.2（c）］和 439 nm［图 3.2（d）］。这是由于在未添加表面活性剂的情况下，只有小部分纳米粒子能够保持本身较小尺寸，大部分粒子团聚形成大尺寸团聚物，因此呈多峰分布；加入表面活性剂后，能有效抑制团聚现象，防止大颗粒物形成，提高了纳米 Ag/TiO₂ 在水中的分散性。

图 3.3 为加入不同质量比的表面活性剂纳米 Ag/TiO₂ 粒径。当表面活性剂与纳米 Ag/TiO₂ 的质量比为 0.2 时，加入 SHMP、PEG、CTAB 的纳米 Ag/TiO₂ 平均粒径为 399 nm、455.4 nm、439 nm，均低于未添加表面活性剂的纳米 Ag/TiO₂ 粒径 456.1 nm，说明分散性有所提高。随着质量比的增加，加入 SHMP 的纳米 Ag/TiO₂ 粒径呈现显著减小的趋势，当质量比为 0.6 时，粒径最小，为 358.7 nm，较未添加时减小 21.35%。而加入 PEG 的纳米 Ag/TiO₂ 粒径变化不大，加入 CTAB 的纳米 Ag/TiO₂ 粒径不减反增，这可能与表面活性剂所带电性不同有关，因此，要对其进行 Zeta 电位分析。

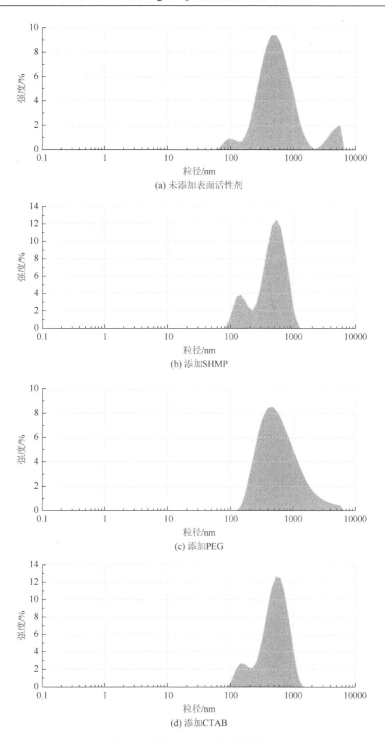

图 3.2　纳米 Ag/TiO$_2$ 的粒径分布

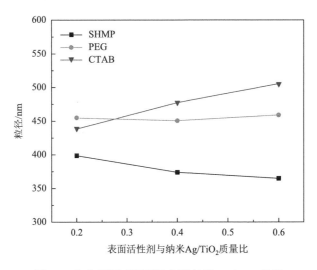

图 3.3 加入不同表面活性剂的纳米 Ag/TiO₂ 粒径

3. Zeta 电位

图 3.4 为加入不同表面活性剂的纳米 Ag/TiO₂ 分散液的 Zeta 电位。Zeta 电位的重要意义在于它的数值与胶态分散的稳定性相关，Zeta 电位绝对值越大，粒子间斥力位能越大，粒子越不易团聚，分散效果越佳。由图 3.4 可知，未添加表面活性剂的情况下，纳米 Ag/TiO₂ 分散液的 Zeta 电位为-13.6 mV，这是由于 TiO₂ 表面产生的羟基使粒子电位为负。加入 SHMP 后，Zeta 电位依旧为负值，绝对值变大，分散效果更佳，这是由于 SHMP 为阴离子表面活性剂，SHMP 吸附于粒子

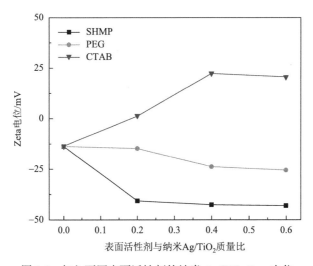

图 3.4 加入不同表面活性剂的纳米 Ag/TiO₂ Zeta 电位

表面产生电荷，形成双电层，随着电位绝对值增加，斥力增大，纳米粒子不易团聚，因而分散性增强。加入 PEG 后，Zeta 电位为负值，但绝对值变化不大，分散性有小幅提升，这是由于 PEG 为非离子表面活性剂，对粒子表面电荷改变较小，因此 Zeta 电位变化不大，PEG 提高分散性的机理主要是空间位阻效应，PEG 吸附于粒子表面形成位阻层，使颗粒间产生斥力，提高分散性。加入 CTAB 后，Zeta 电位变为正值，绝对值变大，但分散性减弱，因为 CTAB 为阳离子表面活性剂，在粒子表面形成不稳定的单层吸附，易团聚沉降，影响分散液的稳定性。

3.3.2 偶联剂对分散性能的影响

1. 稳定性

图 3.5 为添加不同硅烷偶联剂的纳米 Ag/TiO$_2$ 分散液静置 10 d 后拍摄的照片（从左至右分别为硅烷偶联剂乙醇溶液的添加量为 2.5 mL、5 mL、7.5 mL）。可以观察到 KH560 和 KH570 的分散液均未出现明显沉淀，颜色呈均一乳白色，透光性弱，说明分散液稳定性较佳。添加 KH550 的分散液透光性变强，上层分散液已经澄清，并出现大量沉淀，表明分散液内大量分子出现团聚现象，团聚的粒子受重力影响下降形成沉淀，使得分散液稳定性下降，由此看出添加 KH560 和 KH570 的纳米 Ag/TiO$_2$ 分散液分散性能高于添加 KH550 的分散液。

  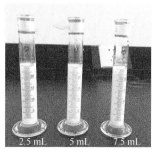

(a) KH550   (b) KH560   (c) KH570

图 3.5 添加不同硅烷偶联剂的纳米 Ag/TiO$_2$

2. 粒径分布

图 3.6 为添加硅烷偶联剂 KH550、KH560、KH570 的纳米 Ag/TiO$_2$ 粒径分布。由图 3.6 可知，添加硅烷偶联剂（硅烷偶联剂乙醇溶液 2.5 mL）后，纳米 Ag/TiO$_2$ 粒径呈单峰或双峰分布，平均粒径为 608 nm［图 3.6（a）］、366 nm［图 3.6（b）］和 471 nm［图 3.6（c）］，其中 KH560 平均粒径与未添加偶联剂的纳米 Ag/TiO$_2$ 粒径 456.1 nm 相比下降 19.75%，并保存了部分小于 100 nm 的粒子；而 KH550

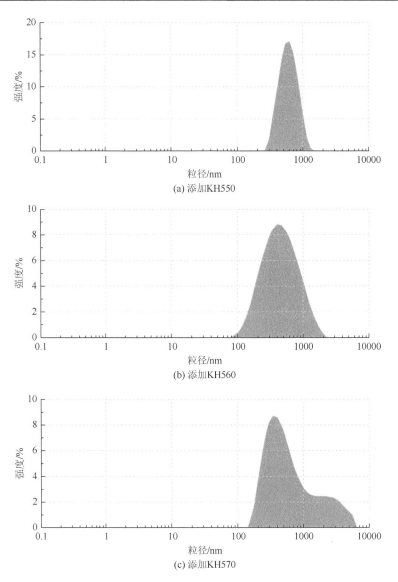

(a) 添加KH550

(b) 添加KH560

(c) 添加KH570

图 3.6 纳米 Ag/TiO$_2$ 的粒径分布

和 KH570 的添加使平均粒径尺寸增大，峰值也右移，纳米 Ag/TiO$_2$ 分散性降低。由此可判断，KH560 能显著减少团聚现象发生，提高纳米 Ag/TiO$_2$ 分散效果。

图 3.7 为加入不同体积硅烷偶联剂乙醇溶液的纳米 Ag/TiO$_2$ 粒径。当硅烷偶联剂乙醇溶液为 2.5 mL 时，加入 KH550、KH560、KH570 的纳米 Ag/TiO$_2$ 平均粒径为 608 nm、366 nm 和 471 nm，只有加入 KH560 的平均粒径降低，其他均升高，说明只有 KH560 能提高分散性。随着 KH560 添加量的增加，平均粒径有小幅提

升，当添加量为 7.5 mL 时，粒径最大为 390 nm，依然小于未添加的平均粒径，由此可以判断最佳添加量为 2.5 mL。

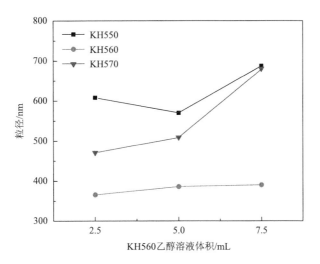

图 3.7　加入不同硅烷偶联剂的纳米 Ag/TiO$_2$ 粒径

3. Zeta 电位

图 3.8 为加入 KH550、KH560、KH570 后纳米 Ag/TiO$_2$ 分散液的 Zeta 电位。可以看出，添加硅烷偶联剂后纳米 Ag/TiO$_2$ 分散液 Zeta 电位均有所减小，这是由于硅烷偶联剂分子水解后产生三个羟基，其中一个羟基与 TiO$_2$ 表面羟基发生反应

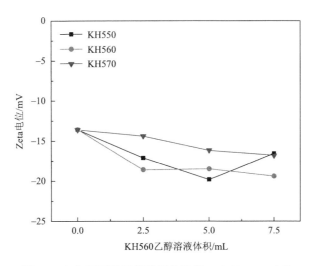

图 3.8　加入不同硅烷偶联剂的纳米 Ag/TiO$_2$ Zeta 电位

而使硅烷偶联剂吸附于 TiO_2 上，粒子引入了偶联剂的羟基，使得电位下降。与
KH550 和 KH570 相比，添加 KH560 纳米 Ag/TiO_2 分散液的 Zeta 电位下降更多，
这可能是由于 KH560 更易水解产生羟基，与纳米 Ag/TiO_2 反应更充分。结合粒径
分析，添加 KH560 分散性最佳，一是因为添加 KH560 电位绝对值更高，体系更
稳定；二是 KH560 本身是具有一定刚度的直链分子，产生空间位阻效应，使粒子
间距离增大，降低了范德瓦耳斯引力。

3.3.3 复合改性剂对分散性能的影响

由 3.3.1 小节可知，在表面活性剂中阴离子表面活性剂 SHMP 的分散效果优
于非离子表面活性剂 PEG 和 CTAB，其最优添加量为 0.6 g；由 3.3.2 小节可知，
在硅烷偶联剂中 KH560 的分散效果优于 KH550 和 KH570，其最优添加量为
2.5 mL。由于 SHMP 和 KH560 的分散原理分别是静电稳定机制和空间阻隔效应，
推测两者复合添加会进一步提高分散效果，因此开展 SHMP 和 KH560 复合改性
剂对纳米 Ag/TiO_2 的分散效应研究。

1. 稳定性

图 3.9 为未添加和添加复合改性剂的纳米 Ag/TiO_2 分散液静置 10 d 后拍摄的
照片，未添加复合改性剂的纳米 Ag/TiO_2 分散液在静置后出现灰白色沉淀，液体颜
色不均匀，上层透光现象严重，最上层出现 3 mL 清液，液体稳定性差；添加复合
改性剂的纳米 Ag/TiO_2 分散液颜色均一且不具有透光性，未见明显沉淀，与配制初
期相比几乎没有变化，与未添加复合改性剂［图 3.9（a）］、添加 SHMP［图 3.1（a）］

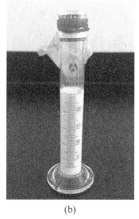

(a)   (b)

图 3.9   未添加（a）和添加复合改性剂（b）的纳米 Ag/TiO_2

和 KH560［图 3.5（b）］相比，液体稳定性均有提高。说明复合改性剂能显著提高纳米 Ag/TiO$_2$ 在水中的稳定性，且较单独使用表面活性剂和硅烷偶联剂效果更显著。

2. 粒径分布

图 3.10 为未添加复合改性剂的纳米 Ag/TiO$_2$ 和添加复合改性剂（SHMP 0.6 g，KH560 乙醇溶液 2.5 mL）后纳米 Ag/TiO$_2$ 粒径分布。添加复合改性剂后，粒径由三峰分布变为单峰分布，峰值向小尺寸方向移动，出现在 367.6 nm 处。添加复合改性剂后的平均粒径为 338.7 nm，较未添加分散剂、单独添加 SHMP（0.6 g）和硅烷偶联剂 KH560（2.5 mL）分别降低了 25.74%、5.58% 和 7.46%。这说明复合改性剂具有良好的分散效果，SHMP 和 KH560 起到了协同效应，SHMP 产生静电稳定机制，使粒子间斥力增加，而 KH560 产生空间位阻效应，形成位阻层，进一步提高分散稳定性。

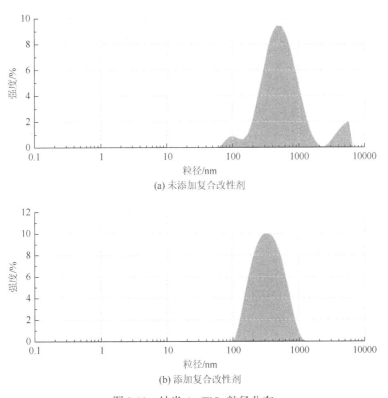

(a) 未添加复合改性剂

(b) 添加复合改性剂

图 3.10　纳米 Ag/TiO$_2$ 粒径分布

3. Zeta 电位

表 3.3 为未添加、添加 SHMP（0.6 g）、KH560（2.5 mL）、复合改性剂（SHMP

0.6 g，KH560 2.5 mL）的纳米 Ag/TiO$_2$ 分散液的 Zeta 电位，其中未添加时 Zeta
电位绝对值最低，为 13.6 mV，添加 SHMP 的 Zeta 电位绝对值最高，为 42.5 mV，
添加复合改性剂的 Zeta 电位绝对值较高，为 40.1 mV。已知当 Zeta 电位绝对值在
40～60 mV 时，体系处于稳定状态，可以判断添加 SHMP 和添加复合改性剂的纳
米 Ag/TiO$_2$ 可使分散液体系稳定。结合粒径分析，添加复合改性剂的纳米 Ag/TiO$_2$
分散液分散性更好，这是由于 KH560 产生空间位阻效应，与 SHMP 协同提高分
散液的分散性能。

表 3.3　纳米 Ag/TiO$_2$ 的 Zeta 电位

材料	Zeta 电位/mV	中数/mV	面积/%	标准偏差/mV
未添加	−13.6	−13.6	100	4.43
SHMP	−42.5	−42.5	100	5.23
KH560	−18.6	−15.5	97.8	5.76
SHMP + KH560	−40.1	−40.1	100	4.47

4. XRD 分析

图 3.11 为纳米 Ag/TiO$_2$ 和添加复合改性剂的改性纳米 Ag/TiO$_2$ 的 XRD 谱图。
图 3.11（a）在 2θ 为 25.3°、37.8°、48.0°、53.8°、55.1°、62.2°处出现了 TiO$_2$ 的锐
钛矿型吸收峰，又在 2θ 为 38.1°和 64.4°处出现了 Ag 的特征峰，添加复合改性剂
的改性纳米 Ag/TiO$_2$ 与改性前对比无变化，说明添加复合改性剂后纳米 Ag/TiO$_2$
仍保持原有粉末的晶体衍射特征，改性处理可以保持其光催化性能，对防霉效果
无不良影响。

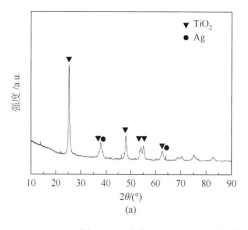 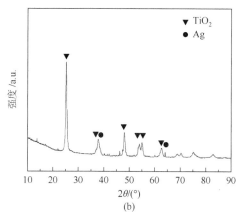

图 3.11　纳米 Ag/TiO$_2$（a）和改性纳米 Ag/TiO$_2$（b）的 XRD 谱图

3.3.4　复合改性剂的分散机理

添加 SHAP 对纳米 Ag/TiO$_2$ 的静电稳定机制如图 3.12 所示。纳米 TiO$_2$ 在水中发生水化作用，产生羟基，羟基进一步离解使纳米 TiO$_2$ 表面带正电，借助静电库仑力将溶液中的阴离子表面活性剂 SHAP 紧密吸附在周围，构成紧密层（斯特恩层），在紧密层外，溶液中的正离子和负离子在静电斥力和自身热运动的相互作用下形成一定的梯度分布，该梯度范围称为扩散层。紧密层和扩散层共同构成了纳米 TiO$_2$ 表面双电层结构。纳米 TiO$_2$ 的双电层结构使得带有相同电荷的粒子因距离的减小而斥力增加，减少了粒子间因相互吸引而产生的团聚现象，使整个溶液达到稳定的体系结构（贾莉斯，2014；龙海云，2007）。

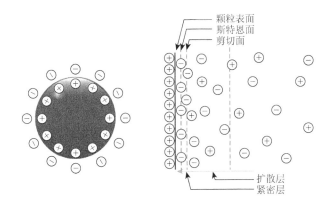

颗粒表面
斯特恩面
剪切面

扩散层
紧密层

图 3.12　SHMP 对纳米 Ag/TiO$_2$ 的静电稳定机制

添加 KH560 对纳米 Ag/TiO$_2$ 的空间位阻效应如图 3.13 所示。KH560 在水中水解，分子链上的三个甲氧基水解后产生三个羟基，其中一个羟基与纳米 TiO$_2$ 表面羟基发生氢键反应而使硅烷偶联剂吸附于纳米 TiO$_2$ 上，KH560 本身是具有一定刚度的直链分子，产生空间位阻效应，使纳米粒子间距离增大，降低了范德瓦耳斯引力，从而减少了团聚现象（葛浩等，2013；王雪明，2005）。

而 SHMP 和 KH560 共同添加时起到了协同效应，SHMP 产生静电稳定机制，使粒子间斥力增加，而 KH560 产生空间位阻效应，形成位阻层，进一步提高分散稳定性，其协同分散机理如图 3.14 所示。

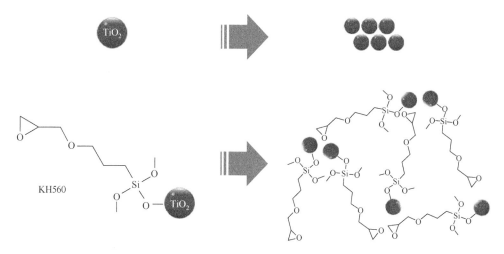

图 3.13　KH560 对纳米 Ag/TiO$_2$ 的空间位阻效应

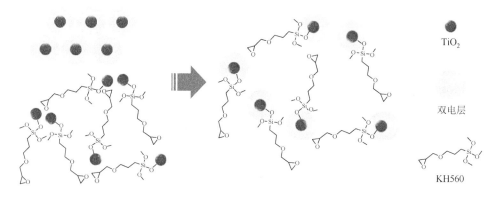

图 3.14　SHAP 和 KH560 对纳米 Ag/TiO$_2$ 的协同分散机理

3.4　本 章 小 结

（1）添加表面活性剂能提高纳米 Ag/TiO$_2$ 的分散性和稳定性，添加表面活性剂后，纳米 Ag/TiO$_2$ 粒径呈单峰或双峰，分布更加均匀，平均粒径小于未添加的分散液粒径。其中 SHMP 效果最佳，随着 SHMP 的增加，纳米 Ag/TiO$_2$ 平均粒径呈现显著减小的趋势，当 SHMP 为 0.6 g 时，平均粒径为 358.7 nm，减小了 21.35%，Zeta 电位由−13.6 mV 变为−42.5 mV，绝对值变大，由于静电稳定机制，体系稳定性增加。

（2）添加硅烷偶联剂能影响纳米 Ag/TiO$_2$ 的分散性和稳定性，其中 KH560 效果最佳。添加 KH560 后，分散液无沉淀，呈均匀乳白色，纳米 Ag/TiO$_2$ 粒径呈单峰分布，随着 KH560 增加，粒径有小幅提升，当 KH560 为 2.5 mL 时，平均粒径为 366 nm，减小了 19.75%，并保存了部分小于 100 nm 的粒子，Zeta 电位由-13.6 mV 变为-18.6 mV，绝对值变大且产生空间位阻效应，体系稳定性增加。

（3）添加复合改性剂（SHMP 0.6 g，KH560 乙醇溶液 2.5 mL）能显著提高纳米 Ag/TiO₂ 分散液的分散性和稳定性。添加复合改性剂后，体系稳定，粒径由三峰分布变为单峰分布，峰值向小尺寸方向移动，平均粒径为 338.7 nm，较未添加分散剂降低了 25.74%，Zeta 电位由-13.6 mV 变为-40.1 mV。

（4）复合改性剂 SHMP 和 KH560 起到了协同效应，SHMP 产生静电稳定机制，使粒子间斥力增加，而 KH560 产生空间位阻效应，形成位阻层，进一步提高分散稳定性。

参 考 文 献

陈云华，林安，甘复兴，2007. 渗透水解 TiCl₄ 制备纳米 TiO₂[J]. 无机材料学报，（1）：53-58.

葛浩，陈均，李家茂，等，2013. KH560 水解液水解过程的实验研究[J]. 安徽工业大学学报（自然科学版），30（2）：133-137.

郭璐瑶，2015. 纳米二氧化钛分散及其表面改性研究[D]. 上海：东华大学.

贾莉斯，2014. 分散剂对纳米悬浮液导热和凝固性能的影响[D]. 重庆：重庆大学.

蒋翀，何厚康，吴文华，等，2003. 纳米二氧化钛粒子的表面处理及其分散性研究[J]. 合成纤维工业，（3）：12-14.

敬承斌，赵修建，陈文梅，等，2002. 环氧基硅烷改性 TiO₂ 薄膜对尼龙吸水性、耐化学试剂性能的影响[J]. 高分子材料科学与工程，（3）：180-183 + 186.

龙海云，2007. 纳米二氧化钛粉体的制备及其在水相介质中的分散性研究[D]. 长沙：中南大学.

卢红蓉，2010. 纳米 TiO₂ 的制备、表面改性及其紫外屏蔽性研究[D]. 苏州：苏州大学.

欧秀娟，杜海燕，2006. 纳米 TiO₂ 粉体的分散性研究[J]. 硅酸盐通报，（2）：74-77 + 117.

王雪明，2005. 硅烷偶联剂在金属预处理及有机涂层中的应用研究[D]. 济南：山东大学.

许淳淳，于凯，何宗虎，2003. 纳米 TiO₂ 在水中分散性能的研究[J]. 化工进展，（10）：1095-1097.

杨平，霍瑞亭，2013. 偶联剂改性对纳米二氧化钛光催化活性的影响[J]. 硅酸盐学报，41（3）：409-415.

张春燕，罗建新，吴昊，等，2016. 温度及偶联剂用量对纳米 TiO₂ 表面改性的影响[J]. 化工新型材料，44（2）：232-233 + 236.

Wang Y D，Zhang S，Wu X H，et al，2004. Synthesis and optical properties of mesostructured titania-surfactant inorganic-organic nanocomposites[J]. Nanotechnology，15（9）：1162-1168.

Wittmar A，Gajda M，Gautam D，et al，2013. Influence of the cation alkyl chain length of imidazolium-based room temperature ionic liquids on the dispersibility of TiO₂ nanopowders[J]. Journal of Nanoparticle Research，15（3）：1-12.

Wu X D，Wang D P，Yang S R，2000. Preparation and characterization of stearate-capped titanium dioxide nanoparticles[J]. Journal of Colloid & Interface Science，222（1）：37-40.

第4章 超声波辅助浸渍法制备纳米 Ag/TiO$_2$ 木基复合材料性能及表征

4.1 引 言

将木材科学与纳米技术相交叉融合制备高附加值的无机纳米/木材复合新型材料是木材科学领域日益受到重视的高新技术之一。大量研究表明无机纳米材料能够提高尺寸稳定性、疏水性、抗老化、阻燃、杀菌的效果，可以运用到材料保护中，其中纳米 Ag/TiO$_2$ 以其光催化活性高、成本低、环境友好等特点，受到广泛关注（André et al.，2015；Devi et al.，2013；Sun et al.，2010；Zhang et al.，2009；Nelson and Deng，2008；Xue et al.，2008；Angela and Cesar，2004；Akira et al.，2000；Miyafuji and Saka，1997）。但纳米 Ag/TiO$_2$ 极性强，比表面积大，在水中由于范德瓦耳斯力产生团聚，以大尺寸二次粒子的形式吸附于木材表面，难以渗透进入木材内部，在加工和使用中易于流失，并且影响纳米效应发挥。因此，探索新型高效的浸渍方法是提高无机纳米材料/木材复合材料制备技术发展的核心目标。

超声波能够有效提高木材渗透性，目前主要应用于木材干燥、木材染色和木材内含物的提取。超声波在媒质中传播时，会产生机械作用、空化作用和热作用，引起了湍动效应、微扰效应、界面效应和聚能效应，在木材表面产生极高的温度、巨大的压力和冲击波，有助于木材内部空气的排出，促进溶液向木材内部扩散，从而提高反应速率，降低反应条件，缩短反应时间（Liu et al.，2015；He et al.，2014）。同时，超声波能够提高溶液中纳米 Ag/TiO$_2$ 的分散性，超声波产生的冲击波促使团聚体分散（Sato et al.，2008）。

本章主要探究超声波辅助浸渍处理对提高木材负载纳米 Ag/TiO$_2$ 性能的可行性。采用六偏磷酸钠和硅烷偶联剂 KH560 对纳米 Ag/TiO$_2$ 进行表面改性处理，通过超声波辅助浸渍的方式制备纳米 Ag/TiO$_2$ 木基复合材料，研究了超声强度、超声时间、溶液浓度对纳米 Ag/TiO$_2$ 木基复合材料载药量和抗流失率的影响，对纳米 Ag/TiO$_2$ 木基复合材料的微观构造、官能团、结晶度、热重等表征进行分析，并利用模糊综合评判法优化工艺，为超声波辅助浸渍法制备纳米 Ag/TiO$_2$ 木基复合材料提供依据。

4.2 材料与方法

4.2.1 实验材料

试件：樟子松（*Pinus sylvestris* var. mongolica），购于北京市东坝木材市场，均选取边材，试件规格为 20 mm×20 mm×20 mm，含水率 12%，六面光滑平整、无霉斑、无蓝变、无虫蛀、无节。其他实验试剂如表 4.1 所示。

表 4.1 主要实验试剂

试剂名称	规格
载银纳米二氧化钛	载银量 1%，30 nm
六偏磷酸钠	AR
γ-缩水甘油醚氧丙基三甲氧基硅烷	AR
乙醇	AR

4.2.2 实验设备

主要实验设备如表 4.2 所示。

表 4.2 主要实验设备

仪器	型号
数控超声波清洗器	KQ5200DB
高速磁力搅拌器	85-2A
真空干燥箱	DZF6000
电子天平	BSA4235
高速万能粉碎机	FW-100
场发射扫描电子显微镜	SU8010
傅里叶变换红外光谱仪	Nicolet Avatar 330
X 射线衍射仪	Bruker D8
热重分析仪	Shimadzu TGA-50H

注：其他均为实验室常用设备。

4.2.3 超声波辅助浸渍法

1. 纳米 Ag/TiO$_2$ 的表面改性

称取 0.6 g 的六偏磷酸钠添加到 100 mL 的去离子水中，搅拌均匀后加入（0.5 g、1 g、1.5 g、2 g）纳米 Ag/TiO$_2$ 粉末，在高速磁力搅拌的情况下加入含 20% 硅烷偶联剂 KH560 的乙醇溶液，使 Ag/TiO$_2$ 和 KH560 的质量比为 1∶0.05，持续搅拌 10 min，超声（频率 40 kHz，功率 300 W）分散 10 min，得到纳米 Ag/TiO$_2$ 分散液。

2. 常压浸渍处理

将樟子松试件放入浓度 1% 的纳米 Ag/TiO$_2$ 分散液，常温下浸渍处理 20 min，取出试件称量后，在真空干燥箱中烘干（40℃），制成常压浸渍处理纳米 Ag/TiO$_2$ 木基复合材料。

3. 超声波辅助浸渍处理

将樟子松试件放入一定浓度（0.5%、1%、1.5%、2%）的纳米 Ag/TiO$_2$ 分散液中，用超声波（75 W、150 W、225 W、300 W）辅助浸渍处理（10 min、20 min、30 min、40 min），取出试件称量后，在真空干燥箱中烘干（40℃）并称取质量，其工艺参数见表 4.3。其中在序号 4 的工艺条件下制备的超声波辅助浸渍法纳米 Ag/TiO$_2$ 木基复合材料用于表征检测。超声波辅助浸渍法系统如图 4.1 所示。

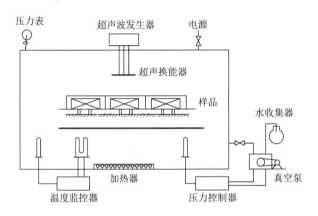

图 4.1　超声波辅助浸渍法系统示意图（刘毅，2015）

表 4.3　超声波辅助浸渍工艺参数

序号	超声功率/W	超声时间/min	纳米 Ag/TiO$_2$ 浓度/%
1	75，150，225，300	20	1
2	225	10，20，30，40	1
3	225	20	0.5，1，1.5，2
4	225	20	1

4.2.4　纳米 Ag/TiO$_2$ 木基复合材料性能检测

1. 载药量

每种反应条件下制备平行试件各 6 块。将试件置于真空干燥箱中烘干（40℃）至质量不变，称取质量（m_1），然后将试件浸渍处理，其工艺参数如表 4.3 所示，浸渍处理后，利用吸水纸去掉试件外部残液，称取质量（m_2）。试件的载药量（R）根据式（4.1）计算（李凤竹，2014）。

$$R = \frac{(m_2 - m_1) \times C}{V} \tag{4.1}$$

式中，R 为纳米 Ag/TiO$_2$ 的保持量（kg/m^3）；V 为试样体积（m^3）；C 为纳米 Ag/TiO$_2$ 的浓度（%）；m_1 为浸渍前试件质量（kg）；m_2 为浸渍后试件质量（kg）。

2. 抗流失率

每种反应条件下制备平行试件各 12 块，依据美国 AWPA 标准《木材防腐剂流失性判断的标准方法》（E11-97）进行检测。

1）流失前试件增重率

将试件置于真空干燥箱中烘干，称取初始绝干质量（M_1），再将试件进行超声波辅助浸渍处理后，称取处理后绝干质量（M_2），计算式如下：

$$W_1 = \frac{M_2 - M_1}{M_1} \times 100\% \tag{4.2}$$

式中，M_2 为超声波辅助浸渍后绝干质量（kg）；M_1 为超声波辅助浸渍前绝干质量（kg）；W_1 为流失前试件增重率（%）。

2）流失后试件增重率

将试件置于去离子水中持续搅拌后静置，并在之后的 5 h、15 h、39 h、87 h 时更换去离子水，然后取出试件，在真空干燥箱中烘干，称取流失后绝干质量 M_3，计算式如下：

$$W_2 = \frac{M_3 - M_1}{M_3} \times 100\% \tag{4.3}$$

式中，M_3 为流失后绝干质量（kg）；M_1 为超声波辅助浸渍前绝干质量（kg）；W_2 为流失后试件增重率（%）。

3）流失率

试件的流失率用 P 表示，计算式如下：

$$P = \frac{W_1 - W_2}{W_1} \times 100\%$$ （4.4）

式中，W_1 为流失前增重率（%）；W_2 为流失后增重率（%）；P 为流失率（%）。

4）抗流失率

试件的抗流失率用 G 表示，计算式如下：

$$G = 1 - P$$ （4.5）

式中，P 为流失率（%）；G 为抗流失率（%）。

4.2.5　纳米 Ag/TiO₂ 木基复合材料表征

1. 微观构造测定

将樟子松素材和超声波辅助浸渍法制备的纳米 Ag/TiO₂ 木基复合材料试件表面切下 1 mm 厚的薄片并粘贴在载物台上，真空离子喷镀金膜，采用 SU8010 型场发射扫描电子显微镜（FESEM）观察试件纳米 Ag/TiO₂ 的分布情况和形貌特征。

2. 化学结构测定

将被测试件在真空干燥箱中烘至绝干制成 350 目粉末样品，并将溴化钾连续烘干 48 h，按质量比 1∶100 充分混合研磨压片，用 Nicolet Avatar 330 型傅里叶变换红外光谱仪对样品进行扫描，波数范围为 4000～400 cm^{-1}，扫描次数为 32 次，分辨率 2 cm^{-1}。

3. 结晶度测定

将被测试件在真空干燥箱中烘至绝干制成 350 目粉末样品，用 Bruker D8 ADVANCE 型 X 射线衍射仪（XRD）进行结晶度分析。将适量干燥试样粉末放入 XRD 载物片凹槽中，均匀铺开，使试样被测面与载物片的平面齐平，被测面用工具加工平整，待测。自动锁上铅玻璃窗，进行 XRD 扫描，扫描范围为 10°～80°，转靶速度为 2°/min。

4. 热稳定性能测定

将被测试件在真空干燥箱中烘至绝干并制成 350 目粉末样品，用 Shimadzu

TGA-50H 型热重分析仪进行热重分析，升温速率为 10℃/min，氮气（N$_2$）气氛，环境温度（24℃）升至 800℃。

4.2.6　模糊综合评判法

由于纳米 Ag/TiO$_2$ 木基复合材料性能指标由载药量和抗流失率两个指标共同决定，因此采用模糊综合评判法测定。模糊综合评判就是对一件受多种因素约束的事物或者对象作出一个总的评价。利用正交试验进行综合评判的过程包括建立评判矩阵、确定权重向量、综合评判与水平优选，多指标综合评判结论。其中正交试验设计见表 4.4。

表 4.4　正交试验因素水平表

	超声强度/W	纳米 Ag/TiO$_2$ 浓度/%	超声时间/min
水平 1	150	0.5	10
水平 2	75	1	20
水平 3	300	1.5	30
水平 4	225	2	40

4.3　结果与分析

4.3.1　超声功率对性能的影响

超声功率对木材载药量和抗流失率的影响如图 4.2 所示，其中功率为 0 W 处的数值对应常压浸渍法（20 min，纳米 Ag/TiO$_2$ 浓度为 1%）制备的纳米 Ag/TiO$_2$ 木基复合材料的载药量（1.994 kg/m^3）和抗流失率（72.65%）。随着超声功率的增加，木材的载药量呈现先增大后减小的趋势，在功率为 75 W 时达到峰值（2.622 kg/m^3），载药量比常压浸渍提高 31.5%。而抗流失率随着超声功率的增加而持续提高，在功率为 300 W 时，抗流失率（77.72%）比常压浸渍提高 5.07%。

载药量的增加是由于在超声波辅助浸渍时，能发生"声空化"现象，即产生数以万计的微小气泡，并且这些气泡迅速闭合产生微激波，使局部压强增大，有利于纳米 Ag/TiO$_2$ 向试件内部渗透和扩散，使得增重率增加（赵紫剑等，2014）。当超声功率过大时，增重率反而呈下降趋势。这是因为超声功率过大，空化强度增加，在试件周围产生过多的高温高压微小区域，使溶液流动加速，吸附在木材表面的纳米 Ag/TiO$_2$ 减少。同时也会产生大量无用的气泡，增加散射衰减，形成

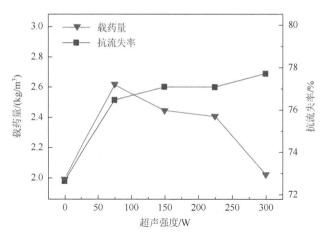

图 4.2　超声功率对载药量和抗流失率的影响

反应时间：20 min；纳米 Ag/TiO$_2$ 浓度：1%

声屏障，同时声强增大也会增加非线性衰减，从而削弱远离声源试材的浸渍效果（常佳，2009）。

抗流失率随超声功率的增加持续提高，是由于在超声波辅助浸渍过程中，超声波使纳米 Ag/TiO$_2$ 的振动位移、速度、加速度、能量增加，进而促进纳米 Ag/TiO$_2$ 与木材基体之间的传质过程。超声波产生巨大的冲击力和微射流，削弱了纳米 Ag/TiO$_2$ 的表面能，提高了颗粒的分散程度，粒径尺寸减小，有利于纳米 Ag/TiO$_2$ 在木材细胞腔内的扩散，同时，超声波使木材表面液体流动速度加快，使沉积于木材外表面易于流失的纳米 Ag/TiO$_2$ 团聚体数量减小，从而提高了抗流失性。

4.3.2　超声时间对性能的影响

超声时间对木材载药量和抗流失率的影响如图 4.3 所示。载药量和抗流失率随着超声时间的延长而增大，但趋势逐渐放缓，时间为 40 min 时，载药量为 2.281 kg/m^3，抗流失率为 77.81%。

纳米 Ag/TiO$_2$ 浸渍樟子松是一个逐步渗透、扩散和吸附的过程，木材刚浸渍于纳米 Ag/TiO$_2$ 分散液时，木材从外到内逐渐被润湿，纳米 Ag/TiO$_2$ 分散液在毛细管力的作用下向木材内部移动，木材外部分散液与木材内部产生浓度差，纳米 Ag/TiO$_2$ 进一步向内扩散（李凤竹，2014）。与此同时，在超声波的空化和搅拌作用下，加速了纳米 Ag/TiO$_2$ 与木材的吸附与解吸过程，促进了纳米 Ag/TiO$_2$ 向木材内部的移动。由于处理时间越长，纳米 Ag/TiO$_2$ 与试件相互作用的时间越长，因此载药量和抗流失率有所增加。但随着时间的进一步延长，纳米 Ag/TiO$_2$ 浓度差

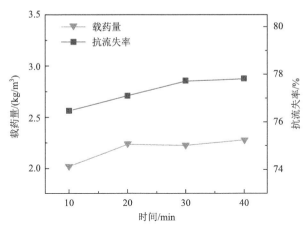

图 4.3　超声时间对载药量和抗流失率的影响

超声功率：225 W；纳米 Ag/TiO₂ 浓度：1%

变小，木材与纳米 Ag/TiO₂ 间的吸附、解吸趋于平衡，并且纳米 Ag/TiO₂ 的附着使得渗透通道受阻，因此增长趋势放缓。

4.3.3　试剂浓度对性能的影响

纳米 Ag/TiO₂ 浓度对木材载药量和抗流失率的影响如图 4.4 所示。载药量随着纳米 Ag/TiO₂ 浓度的增加而增加，浓度为 2% 的载药量（3.363 kg/m³）比浓度为 0.5%的载药量（2.108 kg/m³）提高了 60%。抗流失率随着纳米 Ag/TiO₂ 浓度的增加而减小，浓度为 0.5% 时，抗流失率为 78.33%。

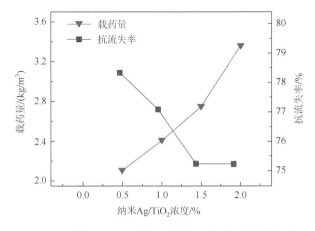

图 4.4　纳米 Ag/TiO₂ 浓度对载药量和抗流失率的影响

超声功率：225 W；反应时间：20 min

纳米 Ag/TiO$_2$ 浓度越高，在纳米 Ag/TiO$_2$ 分散液向木材内部渗透的过程中，木材内部和纳米 Ag/TiO$_2$ 分散液形成的浓度差越大，越有利于纳米 Ag/TiO$_2$ 向木材的渗透，提高了木材载药量；另外纳米 Ag/TiO$_2$ 浓度越高，纳米 TiO$_2$ 与木材、纳米 TiO$_2$ 与纳米 TiO$_2$ 之间相互碰撞发生吸附或团聚的概率越大，使得木材载药量增加。

当纳米 Ag/TiO$_2$ 浓度较低时，纳米粒子间距离较大，范德瓦耳斯力较弱，纳米 Ag/TiO$_2$ 分散程度较高，不易发生团聚，有利于纳米 Ag/TiO$_2$ 在木材细胞腔内的扩散。随着纳米 Ag/TiO$_2$ 浓度的增加，纳米粒子间距离减小，易团聚形成大尺寸二次粒子，难以进入木材内部，大量沉积在木材表面，因此易于流失（郭璐瑶，2015；王敏，2012）。

4.3.4　微观构造分析

图 4.5 所示为常压浸渍（a）、（b）和超声波辅助浸渍法（c）、（d）制备纳米 Ag/TiO$_2$ 木基复合材径切面的 FESEM 图。由图 4.5（a）、（b）可以看出，常压浸

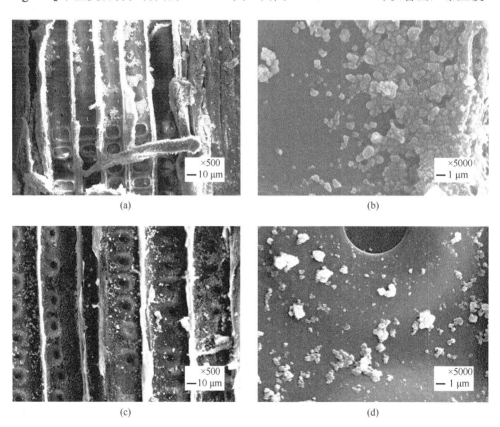

图 4.5　纳米 Ag/TiO$_2$ 木基复合材的 FESEM 图

（a）、（b）常压浸渍；（c）、（d）超声波辅助浸渍

渍处理后，纳米颗粒成功进入樟子松细胞腔内，并附着在细胞壁上，但大量的纳米颗粒呈团聚状态，分散性较差。由图 4.5（c）、（d）可知，超声波辅助浸渍后，纳米颗粒呈絮状紧密排列在细胞壁上，放大 5000 倍后，可以看出超声波辅助浸渍材中的纳米 Ag/TiO₂ 分散性明显高于常压浸渍材。

4.3.5　官能团分析

图 4.6 是樟子松素材（a）、常压浸渍纳米 Ag/TiO₂ 木基复合材（b）、超声波辅助浸渍纳米 Ag/TiO₂ 木基复合材（c）的 FTIR 谱图，吸收峰归属见表 4.5。

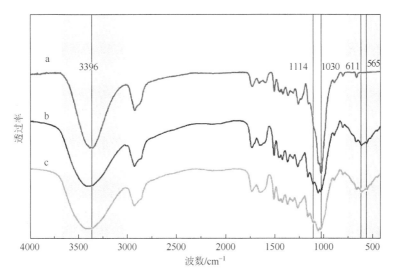

图 4.6　樟子松素材和纳米 Ag/TiO₂ 木基复合材料的 FTIR 谱图

a. 樟子松素材；b. 常压浸渍；c. 超声波辅助浸渍

表 4.5　纳米 Ag/TiO₂ 木基复合材 FTIR 光谱吸收峰归属

特征吸收峰峰位/cm⁻¹	峰值归属
3396	O—H 伸缩振动（纤维素）
2929	C—H 伸缩振动（纤维素、木质素）
2854	C—H 伸缩振动（脂肪酸类）
1739	C=O 伸缩振动（半纤维素）
1653	非共轭 C=O 伸缩振动（木质素）
1605	C=O 伸缩振动和芳香族骨架振动（木质素）
1516	C=C 芳香族碳骨架伸缩振动（木质素）
1462	C—H 弯曲振动（纤维素）

特征吸收峰峰位/cm^{-1}	峰值归属
1429	芳香族骨架振动与C—H弯曲振动（纤维素、木质素）
1376	C—H弯曲振动、芳香族骨架振动（纤维素、半纤维素）
1319	O—H面内弯曲振动
1269	C—C和C—O伸缩振动（木质素）
1233	C—O、C—C和C=O伸缩振动（木质素）
1165	C—O—C脂肪醚键伸缩振动（木聚糖、木素、纤维素）
1114	C—O—C伸缩振动（KH560）
1063	C—O—Si伸缩振动（KH560）
1030	C=O伸缩振动（纤维素、半纤维素、木质素）
897	C—H弯曲振动，C—O伸缩振动
810	C—H面外弯曲振动（甘露糖）
674	C—H弯曲振动
611	Ti—O—C伸缩振动（纳米Ag/TiO$_2$）
565	Ti—O伸缩振动（纳米Ag/TiO$_2$）

图4.6中曲线b、曲线c对比曲线a可以看出，在770～500 cm^{-1}范围出现大宽峰和565 cm^{-1}处出现Ti—O特征峰，说明纳米Ag/TiO$_2$成功负载于木材上，结合611 cm^{-1}处出现的Ti—O—C伸缩振动波峰以及3396 cm^{-1}处的纤维素羟基（—OH）伸缩峰变弱，判断纳米Ag/TiO$_2$与细胞壁中纤维素羟基发生反应（王敏，2012）。图4.6中曲线b、曲线c中2854 cm^{-1}处脂肪酸类的C—H伸缩振动峰和1605 cm^{-1}处木质素C=O伸缩振动峰、1030 cm^{-1}处的C=O伸缩振动峰减弱，同时611 cm^{-1}处出现Ti—O—C特征峰，这是由于木材中的羧基与纳米Ag/TiO$_2$表面形成的Ti^{4+}产生配位键，使C=O吸收峰减弱。同时，1233 cm^{-1}处木质素的酚羟基的伸缩振动峰减弱，这可能是由于酚羟基也起到了Ti^{4+}交换中配位基的作用。

$$木材—COOH + Ti^{4+} \longrightarrow [木材—COO^-]_4Ti^{4+} + H^+$$
$$木材—C_6H_4—OH + Ti^{4+} \longrightarrow [木材—C_6H_4]_4Ti^{4+} + H^+$$

1114 cm^{-1}和1063 cm^{-1}处产生新峰分别对应着C—O—C伸缩振动和C—O—Si伸缩振动，此处的C—O—C和C—O—Si来自硅烷偶联剂KH560，综合羟基振动峰减弱，说明硅烷偶联剂KH560不仅枝接在TiO$_2$，而且可能与木材纤维素中的羟基发生反应。

图4.6中曲线c与曲线b对比可知，770～500 cm^{-1}范围大宽峰强度更高，3396 cm^{-1}处木材纤维素羟基（—OH）伸缩峰更弱，表明超声波辅助浸渍法负载的纳米Ag/TiO$_2$更多，说明超声波辅助浸渍法有利于纳米Ag/TiO$_2$负载在木材上。

4.3.6　结晶度分析

图 4.7 是樟子松素材（a）、常压浸渍纳米 Ag/TiO₂ 木基复合材（b）、超声波辅助浸渍纳米 Ag/TiO₂ 木基复合材（c）的 XRD 谱图。从曲线 a 的衍射峰分析，樟子松在 17°、22.2° 及 35° 附近出现了明显的衍射峰，分别代表木材纤维素（100）、（002）及（040）结晶面（王敏，2012）。

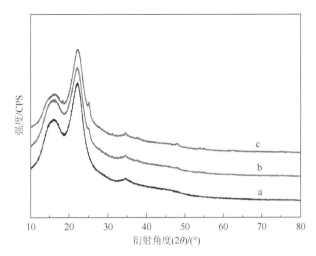

图 4.7　樟子松素材和纳米 Ag/TiO₂ 木基复合材料的 XRD 谱图

a. 樟子松素材；b. 常压浸渍；c. 超声波辅助浸渍

曲线 b、曲线 c 对比曲线 a，纳米 Ag/TiO₂ 木基复合材在保持素材衍射特征的基础上，在 37.7°、48.0°、53.7°、62.2° 附近出现新的锐钛矿型 TiO₂ 衍射峰，这表示纳米 Ag/TiO₂ 负载到樟子松上并呈现锐钛矿晶型，保持了良好的光催化性能。常压浸渍纳米 Ag/TiO₂ 木基复合材与素材相比，在 17°、22.2° 衍射强度下降，说明纤维素结晶度下降。这是因为一方面樟子松试材中引入了纳米 Ag/TiO₂，使得木基复合材中纤维素比例缩小，结晶度有所降低；另一方面，纳米 Ag/TiO₂ 部分进入木基复合材非结晶区，并与羟基发生反应，提高了纤维素的总体积，因而衍射强度和结晶度下降。超声波辅助浸渍纳米 Ag/TiO₂ 木基复合材与常压浸渍、素材相比，在 17°、22.2° 衍射强度下降更加明显，纤维素结晶度更低，这是由于超声波应力在纤维大分子材料的非晶区的孔隙起持续作用，使纤维表面生长疲劳裂纹，使纤维部分损坏或破坏，造成结晶度下降（李坚，2014）。

4.3.7　热重分析

图 4.8 是樟子松素材（a）、常压浸渍（b）和超声波辅助浸渍（c）制备的纳米 Ag/TiO$_2$ 木基复合材料的 TG 曲线。从室温到 250℃，木材发生第一次热分解，素材、常压浸渍材和超声波辅助浸渍材质量分别减少 12.1%、10.2%、9.2%，此阶段主要是木材表层脱水、自由水、吸着水蒸发以及结合水释放出少量 CO$_2$ 导致的。从 250℃到 400℃，木材发生第二次热分解，此阶段质量分别减少 68.1%、61.9%、58.2%，此阶段是木材中极不稳定的半纤维素被热解以及纤维素发生解聚、链断裂所导致的。第三次为从 400℃到 800℃发生的缓慢热分解，此阶段质量分别减少 10.5%、14.3%、11.9%，是木材中纤维素被完全热解以及木质素基本单元苯丙烷中的 C—C 键逐渐形成木炭石墨结构导致的（Gašparovič et al.，2010）。

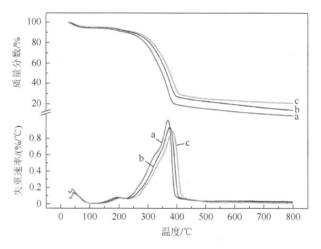

图 4.8　樟子松素材和纳米 Ag/TiO$_2$ 木基复合材的 TG 曲线

a. 樟子松素材；b. 常压浸渍；c. 超声波辅助浸渍

当温度为 800℃时，素材、常压浸渍材和超声波辅助浸渍材的残灰率分别为 9.3%、13.6%、20.7%，超声波辅助浸渍法制备纳米 Ag/TiO$_2$ 木基复合材料的残灰率是素材和常压浸渍法的 2.2 倍和 1.5 倍，说明纳米 Ag/TiO$_2$ 改性木材起到了稳定残留物的作用；最大降解温度分别为 369.3℃、375.4℃、381.1℃，超声波辅助浸渍法制备纳米 Ag/TiO$_2$ 木基复合材料较素材和常压浸渍材提高了 11.8℃和 5.7℃，提高了木材的阻燃性能。超声波辅助浸渍材阻燃效果更优，主要是因为纳米 Ag/TiO$_2$ 在木材中的浸渍深度更深，载药量更大，纳米 Ag/TiO$_2$ 在木材内部的细胞腔和细胞壁中沉积，阻碍 O$_2$ 的进入和热量的传导。

4.3.8　模糊综合评判法优化工艺

利用正交试验制备纳米 Ag/TiO₂ 木基复合材，测定 16 组试验的载药量和抗流失率，结果见表 4.6。

表 4.6　纳米 Ag/TiO₂ 木基复合材正交试验的测定结果

试验号	超声强度/W	纳米 Ag/TiO₂ 浓度/%	超声时间/min	载药量/(kg/m³)	抗流失率/%
1	150	0.5	10	1.822	80.81
2	150	1	20	2.148	77.71
3	150	1.5	30	2.797	85.00
4	150	2	40	3.380	83.28
5	75	0.5	20	1.874	80.79
6	75	1	10	2.188	81.43
7	75	1.5	40	3.106	81.42
8	75	2	30	3.181	82.05
9	300	0.5	30	1.913	82.04
10	300	1	40	2.185	80.80
11	300	1.5	10	2.456	76.49
12	300	2	20	3.344	77.72
13	225	0.5	40	2.026	77.73
14	225	1	30	2.190	77.72
15	225	1.5	20	2.748	75.24
16	225	2	10	3.325	78.32

1. 浸渍工艺对载药量的影响规律

通过直观分析方法，利用正交试验所得试验数据，分别计算 K_i、k_i 和 R_i，得到正交试验影响因素直观分析表 4.7。根据极差判断各因素对载药量的影响，按主次排序为：纳米 Ag/TiO₂ 浓度、超声时间、超声强度。由表 4.8 方差分析可知，纳米 Ag/TiO₂ 浓度对纳米 Ag/TiO₂ 木基复合材的载药量影响高度显著。

表 4.7　载药量影响因素直观分析表

指标	平均值	超声强度/W	纳米 Ag/TiO₂ 浓度/%	超声时间/min
载药量	K_1	10.15	7.64	9.79
	K_2	10.35	8.71	10.11
	K_3	9.90	11.11	10.08

指标	平均值	超声强度/W	纳米 Ag/TiO$_2$ 浓度/%	超声时间/min
载药量	K_4	10.29	13.23	10.70
	k_1	2.54	1.91	2.45
	k_2	2.59	2.18	2.53
	k_3	2.47	2.78	2.52
	k_4	2.57	3.31	2.67
	R_i	0.11	1.40	0.23

表 4.8　载药量方差分析表

方差来源	平方和	自由度	均方和	F	显著性
超声强度	0.028	3	0.009	0.450	
纳米 Ag/TiO$_2$ 浓度	4.702	3	1.567	76.295	**
超声时间	0.106	3	0.035	1.724	
误差	0.123	6	0.021		
总和	4.959	15			

注: $F_{0.05}(3, 6) = 4.76$, $F_{0.05}(3, 6) = 9.78$。

**表示高度显著。

经分析得载药量最优方案为: 超声强度 75 W, 纳米 Ag/TiO$_2$ 浓度 2%, 超声时间 40 min。

2. 浸渍工艺对抗流失率的影响规律

通过直观分析方法, 得到正交试验影响因素直观分析表(表 4.9)。由极差的大小判定因素影响指标的主次顺序为: 超声强度、超声时间、纳米 Ag/TiO$_2$ 浓度。由表 4.10 方差分析可知, 超声强度对纳米 Ag/TiO$_2$ 木基复合材的抗流失率影响显著。经分析得抗流失率最优方案为: 超声强度 150 W, 纳米 Ag/TiO$_2$ 浓度 2%, 超声时间 30 min。

表 4.9　抗流失率影响因素直观分析表

指标	平均值	超声强度/W	纳米 Ag/TiO$_2$ 浓度/%	超声时间/min
抗流失率	K_1	326.80	321.37	317.05
	K_2	325.69	317.66	311.46
	K_3	317.05	318.15	326.81
	K_4	309.01	321.37	323.23
	k_1	81.70	80.34	79.26
	k_2	81.42	79.42	77.87

续表

指标	平均值	超声强度/W	纳米 Ag/TiO$_2$ 浓度/%	超声时间/min
抗流失率	k_3	79.26	79.54	81.70
	k_4	77.25	80.34	80.81
	R_i	4.45	0.93	3.84

表 4.10　抗流失率方差分析表

方差来源	平方和	自由度	均方和	F	显著性
超声强度	51.89	3	17.30	5.42	*
纳米 Ag/TiO$_2$ 浓度	3.03	3	1.01	0.32	
超声时间	34.48	3	11.49	3.60	
误差	19.16	6	3.19		
总和	108.57	15			

注：$F_{0.05}(3, 6) = 4.76$；

*表示显著。

3. 基于模糊综合评判优选工艺参数分析

载药量高低直接影响到防霉性能优劣，抗流失率高低关系到纳米 Ag/TiO$_2$ 木基复合材防霉效果的持续性，因此在制备纳米 Ag/TiO$_2$ 木基复合材时，要同时考虑载药量和抗流失率。采用模糊综合评判法，以载药量和抗流失率为目标函数，优化纳米 Ag/TiO$_2$ 木基复合材料制备工艺参数（胡极航等，2016；罗斌，2015）。

1）评判与优化矩阵的建立

依据正交试验所得各种工艺参数下的载药量和抗流失率（表 4.7、表 4.9），求得各种因素各种水平相对应载药量和抗流失率的均值。以超声强度因素为例，超声强度 4 个水平相对应的载药量均值分别是 $k_1=2.54$、$k_2=2.59$、$k_3=2.47$、$k_4=2.57$，将 $k_1\sim k_4$ 加权平均处理，使数值映射到[0, 1]，实现各水平均值的模糊化：

$$k_1 + k_2 + k_3 + k_4 = 10.17$$

$$r_{11} = k_1 / 10.17 = 0.2498$$

$$r_{12} = k_2 / 10.17 = 0.2547$$

$$r_{13} = k_3 / 10.17 = 0.2429$$

$$r_{14} = k_4 / 10.17 = 0.2527$$

以载药量和抗流失率 2 个评价指标对 3 个因素的总评语用模糊矩阵 $\boldsymbol{R}_1$、$\boldsymbol{R}_2$、$\boldsymbol{R}_3$ 表示，载药量均值模糊化后得出的 $r_{11}\sim r_{14}$ 构成了 $\boldsymbol{R}_1$ 的第一行；按上述步骤对抗流失率均值模糊化后得出的结果构成 R_1 的第二行。同理，求得纳米 Ag/TiO$_2$ 浓度、超声时间的模糊矩阵，结果如下：

$$R_1 = \begin{bmatrix} 0.2498 & 0.2547 & 0.2429 & 0.2527 \\ 0.2556 & 0.2547 & 0.2480 & 0.2417 \end{bmatrix}$$

$$R_2 = \begin{bmatrix} 0.1876 & 0.2141 & 0.2731 & 0.3251 \\ 0.2513 & 0.2485 & 0.2488 & 0.2513 \end{bmatrix}$$

$$R_3 = \begin{bmatrix} 0.2409 & 0.2488 & 0.2478 & 0.2625 \\ 0.2480 & 0.2436 & 0.2556 & 0.2528 \end{bmatrix}$$

2）权重向量的确定

权重是指评价因素对评价指标的重要程度，实际应用过程中，载药量高低直接影响到纳米 Ag/TiO$_2$ 木基复合材防霉性能的优劣，抗流失率高低关系到防霉效果的持续性，通过专家调查法确定载药量和抗流失率 2 个评价指标的权重向量分别为 0.6 和 0.4。

3）综合评判与工艺优化

确定权重向量 $A = (0.6, 0.4)$，则综合评判结果模糊矩阵 B 计算如下：

$$B = A \cdot R \tag{4.6}$$

式中，B 为综合评判结果的模糊矩阵；A 为权重向量；R 为评价指标总评语的模糊矩阵。

因此超声强度因素对应的综合评判结果模糊矩阵 B_1 计算如下：

$$b_1 = (0.6 \wedge 0.2498) \vee (0.4 \wedge 0.2556) = 0.2556$$
$$b_2 = (0.6 \wedge 0.2547) \vee (0.4 \wedge 0.2547) = 0.2547$$
$$b_3 = (0.6 \wedge 0.2429) \vee (0.4 \wedge 0.2480) = 0.2480$$
$$b_4 = (0.6 \wedge 0.2527) \vee (0.4 \wedge 0.2417) = 0.2527$$

然后对 $b_1 \sim b_4$ 进行加权平均处理，得出各超声强度因素载药量和抗流失率 2 个评价指标的评判结果模糊矩阵 B_1：

$$B_1 = \{0.2528, 0.2520, 0.2453, 0.2499\}$$

以 B_1 中数值最大的元素为最优水平，得出超声强度为水平 1（150 W），为综合评判的最优超声强度。

同理可得纳米 Ag/TiO$_2$ 浓度、超声时间的最优水平。

4）多指标综合评判结论

通过对樟子松载药量和抗流失率进行模糊综合评判，可以得出纳米 Ag/TiO$_2$ 木基复合材的最优改性工艺参数为：超声强度 150 W，纳米 Ag/TiO$_2$ 浓度 2%，超声时间 40 min。

4.4　本　章　小　结

（1）超声波辅助浸渍法提高了木材的载药量和抗流失率，功率为 75 W 时，载药量比常压浸渍提高 31.5%。功率为 300 W 时，抗流失率比常压浸渍提高 7%；超声处理时间对载药量的影响不大，对抗流失率的影响呈先升高后降低的趋势，抗流失率在时间为 30 min 时达到峰值 77.73%；随着纳米 Ag/TiO₂ 浓度增加，载药量持续上升，浓度为 2% 时载药量为 3.363 kg/m³，抗流失率则持续下降，浓度为 0.5% 时抗流失率为 78.33%。

（2）超声波辅助浸渍处理后，纳米 Ag/TiO₂ 成功进入了木材内部并附着在细胞壁上，团聚现象减少，分散性显著增强，纳米 Ag/TiO₂ 与纤维素羟基反应，木材结晶度略有下降。纳米 Ag/TiO₂ 热稳定性增强，残灰率是素材的 2.2 倍，最大降解温度升高 11.8℃。

（3）通过正交试验的直观分析法和方差分析法得出载药量最优方案：超声强度 75 W、纳米 Ag/TiO₂ 浓度 2%、超声时间 40 min。抗流失率最优方案：超声强度 150 W、纳米 Ag/TiO₂ 浓度 2%、超声时间 30 min。

（4）对樟子松载药量和抗流失率进行模糊综合评判，可以得出超声波辅助浸渍纳米 Ag/TiO₂ 木基复合材的最优改性工艺参数为：超声强度 150 W，纳米 Ag/TiO₂ 浓度 2%，超声时间 40 min。

参 考 文 献

常佳，2009. 木材微波预处理与超声波辅助染色的研究[D]. 北京：中国林业科学研究院.

郭璐瑶，2015. 纳米二氧化钛分散及其表面改性研究[D]. 上海：东华大学.

胡极航，范文苗，郭洪武，等，2016. 活性艳蓝 X-BR 上染白枫单板的性能研究[J]. 林业工程学报，1（2）：26-32.

李凤竹，2014. 木材纳米复合防腐剂 MCZ 的制备及其性能研究[D]. 哈尔滨：东北林业大学.

李坚，2014. 木材科学[M]. 北京：科学出版社.

刘毅，2015. 木材染色单板光变色机制与防护研究[D]. 北京：北京林业大学.

罗斌，2015. 木质材料砂带磨削磨削力及磨削参数优化研究[D]. 北京：北京林业大学.

王敏，2012. 纳米二氧化钛基木材防腐剂制备及固着机理研究[D]. 长沙：中南林业科技大学.

王敏，吴义强，胡云楚，等，2012. 纳米二氧化钛基木材防腐剂的分散特性与界面特征[J]. 中南林业科技大学学报，32（1）：51-55.

赵紫剑，何正斌，沙汀鸥，等，2014. 超声波辅助木材常压浸渍工艺初探[J]. 木材加工机械，25（2）：47-50.

Akira F，Tata N R，Donald A T，2000. Titanium dioxide photocatalysis[J]. Journal of Photochemistry and Photobiology C：Photochemistry Reviews，1（1）：1-21.

André R S, Zamperini C A, Mima E G, et al, 2015. Antimicrobial activity of TiO$_2$:Ag nanocrystalline heterostructures: Experimental and theoretical insights[J]. Chemical Physics, 459: 87-95.

Angela G R, Cesar P, 2004. Bactericidal action of illuminated TiO$_2$ on pure escherichiacoliand natural bacterial consortia: Post-irradiation events in the dark and assessment of the effective disinfection time[J]. Applied Catalysis B: Environmental, 2 (49): 99-112.

Devi R R, Gogoi K, Konwar B K, et al, 2013. Synergistic effect of nanoTiO$_2$ and nanoclay on mechanical, flame retardancy, UV stability, and antibacterial properties of wood polymer composites[J]. Polymer Bulletin, 70 (4): 1397-1413.

Gašparovič L, Koreňová Z, Jelemenský Ľ, 2010. Kinetic study of wood chips decomposition by TGA[J]. Chemical Papers, 64 (2): 174-181.

He Z B, Zhao Z J, Yang F, et al, 2014. Effect of ultrasound pretreatment on wood prior to vacuum drying[J]. Maderas Ciencia Y Tecnologia, 16: 395-402.

Liu Y, Hu J, Gao J, et al, 2015. Wood veneer dyeing enhancement by ultrasonic-assisted treatment[J]. BioResources, 10 (1): 1198-1212.

Miyafuji H, Saka S, 1997. Fire-resisiting properties in several TiO$_2$ wood-inorganic composites and their topochemistry[J]. Wood Science Technology, 31 (6): 449-458.

Nelson K, Deng Y, 2008. Effect of polycrystalline structure of TiO$_2$ particles on the light scattering efficiency[J]. Journal of Colloid and Interface Science, 319 (1): 130-139.

Sato K, Li J, Kamiya H, et al, 2008. Ultrasonic dispersion of TiO$_2$ nanoparticles in aqueous suspension[J]. Journal of the American Ceramic Society, 91 (8): 2481-2487.

Sun Q F, Yu H, Liu Y, et al, 2010. Prolonging the combustion duration of wood by TiO$_2$ coating synthesized using cosolvent-controlled hydrothermal method[J]. Journal of Materials Science, 45 (24): 6661-6667.

Sun Q F, Yu H P, Liu Y X, et al, 2010. Improvement of water resistance and dimensional stability of wood through titanium dioxide coating[J]. Holzforschung, 64 (6): 757-761.

Xue C H, Jia S T, Chen H Z, et al, 2008. Superhydrophobic cotton fabrics prepared by sol-gel coating of TiO$_2$ and surface hydrophobization[J]. Scicnce Technology of Advanced Materials, 9 (3): 1-5.

Zhang X D, Guo M L, Wu H Y, et al, 2009. Irradiation stability and cytotoxicity of gold nanoparticles for radiotherapy[J]. International Journal of Nanomedicine, 4: 165-173.

第5章 真空浸渍法制备纳米 Ag/TiO₂ 木基复合材料性能及表征

5.1 引　言

真空浸渍法能够有效提高浸渍效率，目前主要应用于木材改性、木材染色和木材内含物的提取。真空作用能够使木材表面与内部、细胞内与细胞外产生压力差，木材的内含物、细胞腔和纹孔腔内的空气被抽出，使得毛细管系统通畅，有利于液体浸入；木材在真空作用下体积发生膨胀，导致细胞间距增大，产生松弛现象，提高了浸渍深度；最后在木材解除真空时，外部压力大于木材内部压力，产生了加压浸渍的效果，进一步提高浸渍效率（何理辉等，2016；王舒，2009；杨海龙，2009）。采用真空浸渍法制木材/蒙脱土纳米插层复合材料，结果表明随着真空度的增加，浸渍量显著增加，与常压浸渍相比，增重率提高 1.7 倍（吕文华，2004）。采用真空浸渍法制备抗菌浸渍薄木饰面装饰板，通过单因素实验得出真空度对浸胶量影响显著，薄木浸胶量随真空度的升高而加大（周腊，2015）。

因此，本章主要探究真空浸渍处理对提高木材负载纳米 Ag/TiO₂ 性能的可行性。采用六偏磷酸钠和硅烷偶联剂 KH560 对纳米 Ag/TiO₂ 进行表面改性处理，通过真空浸渍法制备纳米 Ag/TiO₂ 木基复合材料，研究了真空度、真空时间、纳米 Ag/TiO₂ 浓度对纳米 Ag/TiO₂ 木基复合材料载药量和抗流失率的影响，对纳米 Ag/TiO₂ 木基复合材料的微观构造、官能团、结晶度、热重等表征进行分析，并利用模糊综合评判法优化工艺，为真空浸渍法制备纳米 Ag/TiO₂ 木基复合材料提供依据。

5.2 材料与方法

5.2.1 实验材料

试件：樟子松（*Pinus sylvestris* var. mongolica），购于北京市东坝木材市场，均选取边材，试件规格为 20 mm×20 mm×20 mm，含水率 12%，六面光滑平整、无霉斑、无蓝变、无虫蛀、无节。其他试剂如表 5.1 所示。

表 5.1　主要实验试剂

试剂名称	规格
载银纳米二氧化钛	载银量 1%，30 nm
六偏磷酸钠	AR
γ-缩水甘油醚氧丙基三甲氧基硅烷	AR
乙醇	AR

5.2.2　实验设备

主要实验设备如表 5.2 所示。

表 5.2　主要实验设备

仪器	型号
高速磁力搅拌器	85-2A
真空干燥箱	DZF6000
电子天平	BSA4235
高速万能粉碎机	FW-100
场发射扫描电子显微镜	SU8010
傅里叶变换红外光谱仪	Nicolet Avatar 330
X 射线衍射仪	Bruker D8
热重分析仪	Shimadzu TGA-50H

5.2.3　真空浸渍法

1. 纳米 Ag/TiO$_2$ 的表面改性

称取 0.6 g 的六偏磷酸钠添加到 100 mL 的去离子水中，搅拌均匀后加入（0.5 g、1 g、1.5 g、2 g）纳米 Ag/TiO$_2$ 粉末，在高速磁力搅拌的情况下加入含 20% 硅烷偶联剂 KH560 的乙醇溶液，使 Ag/TiO$_2$ 和 KH560 的质量分数比为 1∶0.05，持续搅拌 10 min，超声（频率 40 kHz，功率 300 W）分散 10 min，得到纳米 Ag/TiO$_2$ 的水性分散液。

2. 常压浸渍处理

将樟子松试件放入浓度 1% 的纳米 Ag/TiO$_2$ 分散液中，常温下浸渍处理 20 min，取出试件称量后，在真空干燥箱中烘干（40℃），制成常压浸渍处理纳米 Ag/TiO$_2$ 木基复合材料。

3. 真空浸渍处理

将樟子松试件放入一定浓度（0.5%、1%、1.5%、2%）的纳米 Ag/TiO$_2$ 分散液，在一定真空度（-0.02 MPa、-0.04 MPa、-0.06 MPa、-0.08 MPa）的真空箱内浸渍处理（10 min、20 min、30 min、40 min），取出试件称量后，在真空干燥箱中烘干并称量。其工艺参数见表 5.3。其中序号 4 工艺条件下制备的纳米 Ag/TiO$_2$ 木基复合材料用于表征检测。

表 5.3　真空浸渍工艺参数

序号	真空度/MPa	真空时间/min	纳米 Ag/TiO$_2$ 浓度/%
1	-0.02，-0.04，-0.06，-0.08	20	1
2	-0.06	10，20，30，40	1
3	-0.06	20	0.5，1，1.5，2
4	-0.06	20	1

5.2.4　纳米 Ag/TiO$_2$ 木基复合材料性能检测

1. 载药量

方法同 4.2.4 小节中"1. 载药量"。

2. 抗流失率

方法同 4.2.4 小节中"2. 抗流失率"。

5.2.5　纳米 Ag/TiO$_2$ 木基复合材料表征

1. 微观构造测定

方法同 4.2.5 小节中"1. 微观构造测定"。

2. 化学结构测定

方法同 4.2.5 小节中"2. 化学结构测定"。

3. 结晶度测定

方法同 4.2.5 小节中"3. 结晶度测定"。

4. 热稳定性能测定

方法同 4.2.5 小节中"4. 热稳定性能测试"。

5.2.6 模糊综合评判法

由于纳米 Ag/TiO_2 木基复合材料性能指标由载药量和抗流失率两个指标共同决定，所以采用模糊综合评判法测定。其中正交试验设计见表 5.4。

表 5.4　正交试验因素水平表

	真空度/MPa	纳米 Ag/TiO_2 浓度/%	真空时间/min
水平 1	−0.04	0.5	10
水平 2	−0.02	1	20
水平 3	−0.08	1.5	30
水平 4	−0.06	2	40

5.3　结果与分析

5.3.1　真空度对性能的影响

如图 5.1 所示，随着真空度的增加，载药量持续增加，增速呈先加快后平缓的趋势，当真空度为 −0.08 MPa 时达到峰值，载药量为 $3.65\ kg/m^3$，比真空度为

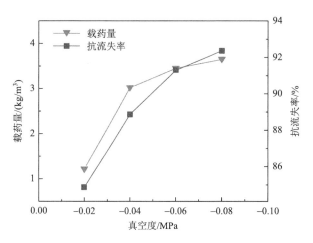

图 5.1　真空度对载药量和抗流失率的影响

反应时间: 20 min; 纳米 Ag/TiO_2 浓度: 1%

–0.02 MPa 时提高了 2 倍。抗流失率也随着真空度的增加而增加，真空度为
–0.08 MPa 时，抗流失率为 92.36%，比–0.02 MPa 时提高了 9%。载药量和抗流失
率随着真空度的增加而增加是由于真空浸渍提高了木材的浸渍量和浸渍深度。

　　真空浸渍起到了抽提樟子松内部内含物和空气的效果。樟子松是一种质地紧
密、树脂含量高、较难浸渍处理的木材，内含物和空气堵塞了大毛细管和微毛细
管系统，阻碍了溶液的浸渍。真空处理时，随着真空度的增加，可以观察到木材
表面产生大量的气泡，木材的内含物、细胞腔和纹孔腔内的空气被抽出，使木材
内部通道通畅，消除了纳米 Ag/TiO$_2$ 进入到木材内部的巨大阻力。

　　真空浸渍还能使木材表面与内部形成压力差，按照达西定律，流体体积流率
与压力差成正比，通过真空能够增加木材表面与内部的压力差，有利于木材的浸
渍。当真空度越大，装置内和木材内部被抽出的空气越多，装置内的压强越小，
内外压力差越大，形成促使纳米 Ag/TiO$_2$ 溶液从木材外部渗透到内部的动力越大，
因此浸渍量和浸渍深度越大。

5.3.2　真空时间对性能的影响

　　如图 5.2 所示，真空时间对载药量的影响不大，在时间 10～40 min 范围内，
载药量在 3.17～3.49 kg/m^3 区间波动。抗流失率随着时间的延长而增加，但增速趋
于平缓，当时间为 40 min 时达到峰值（92.68%），比 10 min 时提高了 5%。

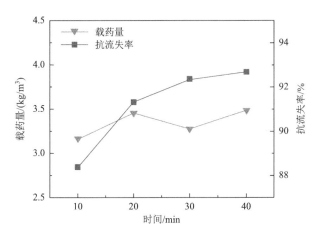

图 5.2　真空时间对载药量和抗流失率的影响

真空度：–0.08 MPa；纳米 Ag/TiO$_2$ 浓度：1%

　　真空时间对载药量的影响不大，这是由于在抽真空的过程中，木材内部的内
含物和空气会迅速抽出，然后趋于平衡状态，在真空度不变的情况下，只增加

真空时间对木材抽出物数量影响不大，因此进入木材内部的纳米 Ag/TiO$_2$ 量相差不大。

　　真空时间对抗流失率有一定影响，随着时间延长，抗流失率增加。木材为天然多孔材料，包含大量大毛细管和微毛细管系统，纳米 Ag/TiO$_2$ 浸渍樟子松是一个多级过滤、逐步吸附、扩散和渗透的过程，首先纳米 Ag/TiO$_2$ 吸附在木材外部，然后以细胞腔、细胞间隙等途径渗透至深处，随着时间的延长，稍小的粒子浸入并覆盖在管胞的细胞腔内表面，更小的分子才能浸入到木材细胞壁中，使得抗流失率提高。但抗流失率和时间并非呈线性相关，当时间达到 30 min 后，能够进入细胞腔和细胞壁的纳米 Ag/TiO$_2$ 已趋于饱和，且木材内部的纳米 Ag/TiO$_2$ 逐渐堵住了渗透通道，再延长浸渍时间对抗流失率影响也不再明显。

5.3.3　试剂浓度对性能的影响

　　如图 5.3 所示，载药量随着纳米 Ag/TiO$_2$ 浓度的增加而增加，浓度为 2% 时载药量为 6.71 kg/m^3。抗流失率随着纳米 Ag/TiO$_2$ 浓度的增加而减小，浓度为 0.5% 时抗流失率达到峰值 93.31%。

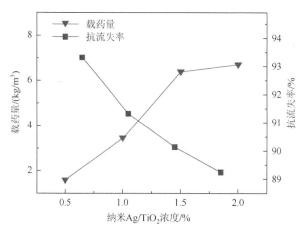

图 5.3　纳米 Ag/TiO$_2$ 浓度对载药量和抗流失率的影响

真空度：−0.08 MPa；反应时间：20 min

　　纳米 Ag/TiO$_2$ 浓度越高，纳米 TiO$_2$ 与木材、纳米 TiO$_2$ 与纳米 TiO$_2$ 之间相互碰撞发生吸附或团聚的概率越大，进入木材内部的概率增大，且纳米 Ag/TiO$_2$ 分散液向木材内部渗透的过程中，木材内部和纳米 Ag/TiO$_2$ 分散液形成的浓度差变大，有利于纳米 Ag/TiO$_2$ 吸附，使得木材载药量增加。

但浓度过高时，纳米 Ag/TiO$_2$ 分子间间距减小，更易团聚成尺寸较大的颗粒，大量团聚颗粒堆积在试样表面，形成阻塞，进而影响其他纳米 Ag/TiO$_2$ 进一步渗透，而沉积在表面上的纳米 Ag/TiO$_2$ 在水冲刷或潮湿条件下容易流失，抗流失率下降。

5.3.4　微观构造分析

图 5.4 为常压浸渍（a）、（b）和真空浸渍（c）、（d）制备纳米 Ag/TiO$_2$ 木基复合材径切面的 FESEM 图。由图 5.4（a）、（b）可以看出，常压浸渍处理后，纳米颗粒成功进入樟子松细胞腔内，并附着在细胞壁上，纳米颗粒呈团聚状态，分散性较差。由图 5.4（c）、（d）可知，真空浸渍后，纳米颗粒呈颗粒状或球状沉积于试材的各个部分，且数量大于常温浸渍材。放大 5000 倍后，可以看出真空浸渍材中的纳米 Ag/TiO$_2$ 仍有团聚现象。

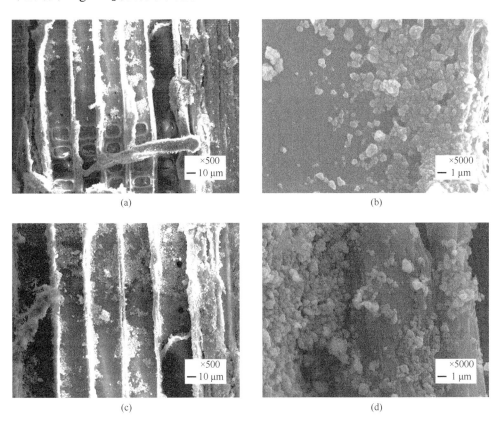

图 5.4　纳米 Ag/TiO$_2$ 木基复合材的 FESEM 图

（a）、（b）常压浸渍；（c）、（d）真空浸渍

5.3.5 官能团分析

图 5.5 是樟子松素材（a）、常压浸渍纳米 Ag/TiO_2 木基复合材（b）、真空浸渍纳米 Ag/TiO_2 木基复合材（c）的 FTIR 谱图，其吸收峰归属如表 5.5 所示。曲线 b、曲线 c 对比曲线 a 可以看出，在 $770\sim500\ cm^{-1}$ 范围内出现大宽峰和在 $565\ cm^{-1}$ 处出现 Ti—O 特征峰，在 $3396\ cm^{-1}$ 处的纤维素羟基（—OH）伸缩峰变弱，判断纳米 Ag/TiO_2 与细胞壁中纤维素羟基产生反应（王敏，2012）。曲线 b、曲线 c 中 $1605\ cm^{-1}$、$1030\ cm^{-1}$ 处的 C=O 伸缩振动峰和 $1233\ cm^{-1}$ 处的酚羟基伸缩振动峰减弱，这是由于木材中的羧基和酚羟基与纳米 Ag/TiO_2 表面形成的 Ti^{4+} 产生配位键。$1114\ cm^{-1}$ 和 $1063\ cm^{-1}$ 处产生新峰分别对应 C—O—C 伸缩振动和 C—O—Si 伸缩振动，来自硅烷偶联剂 KH560，综合羟基振动峰减弱，说明硅烷偶联剂 KH560 不仅接枝在 TiO_2，并且可能与木材纤维素中的羟基发生反应。

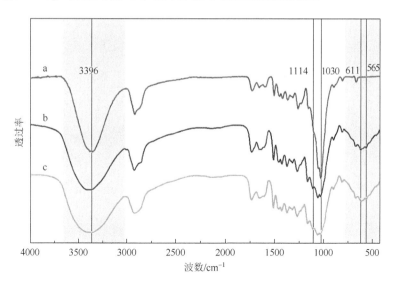

图 5.5　樟子松素材和纳米 Ag/TiO_2 木基复合材料的 FTIR 谱图

a. 樟子松素材；b. 常压浸渍；c. 真空浸渍

表 5.5　纳米 Ag/TiO_2 木基复合材 FTIR 光谱吸收峰归属

特征吸收峰峰位/cm^{-1}	峰值归属
3396	O—H 伸缩振动（纤维素）
2929	C—H 伸缩振动（纤维素、木质素）
2854	C—H 伸缩振动（脂肪酸类）
1739	C=O 伸缩振动（半纤维素）

特征吸收峰峰位/cm^{-1}	峰值归属
1653	非共轭 C=O 伸缩振动（木质素）
1605	C=O 伸缩振动和芳香族骨架振动（木质素）
1516	C=C 芳香族碳骨架伸缩振动（木质素）
1462	C—H 弯曲振动（纤维素）
1429	芳香族骨架振动与 C—H 弯曲振动（纤维素、木质素）
1376	C—H 弯曲振动、芳香族骨架振动（纤维素、半纤维素）
1319	O—H 面内弯曲振动
1269	C—C 和 C—O 伸缩振动（木质素）
1233	C—O、C—C 和 C=O 的伸缩振动（木质素）
1165	C—O—C 脂肪醚键伸缩振动（木聚糖、木素、纤维素）
1114	C—O—C 伸缩振动（KH560）
1063	C—O—Si 伸缩振动（KH560）
1030	C=O 伸缩振动（纤维素、半纤维素、木质素）
897	C—H 弯曲振动，C—O 伸缩振动
810	C—H 面外弯曲振动（甘露糖）
674	C—H 弯曲振动
611	Ti—O—C 伸缩振动（纳米 Ag/TiO₂）
565	Ti—O 伸缩振动（纳米 Ag/TiO₂）

曲线 c 与曲线 b 对比可知，在 770～500 cm^{-1} 范围内的大宽峰强度更高，3396 cm^{-1} 处的木材纤维素羟基（—OH）伸缩峰更弱，表明真空浸渍法负载的纳米 Ag/TiO₂ 更多，说明真空浸渍法有利于纳米 Ag/TiO₂ 负载于木材上。

5.3.6 结晶度分析

图 5.6 是樟子松素材、常压浸渍纳米 Ag/TiO₂ 木基复合材、真空浸渍纳米 Ag/TiO₂ 木基复合材的 XRD 谱图。从曲线 a 可知，素材在 17°、22.2°、35°出现特征峰，为樟子松纤维素中结晶区的衍射峰。曲线 b、曲线 c 对比曲线 a 可知，纳米 Ag/TiO₂ 木基复合材在保持素材衍射特征的基础上，在 37.7°、48.0°、53.7°、62.2°附近出现新的锐钛矿 TiO₂ 衍射峰，这表示纳米 Ag/TiO₂ 负载到樟子松上并呈现锐钛矿晶型，保持了良好的光催化性能。曲线 c 较曲线 b 这一现象更加明显，且锐钛矿 TiO₂ 衍射峰强度更高，说明负载的纳米 Ag/TiO₂ 更多，与 FESEM、FTIR 检测结果一致。

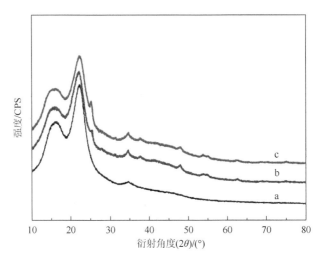

图 5.6　樟子松素材和纳米 Ag/TiO$_2$ 木基复合材的 XRD 谱图

a. 樟子松素材；b. 常压浸渍；c. 真空浸渍

5.3.7　热重分析

　　图 5.7 是樟子松素材、常压浸渍和真空浸渍制备的纳米 Ag/TiO$_2$ 木基复合材料的 TG 曲线。从室温到 250℃，木材发生第一次热分解，素材、常压浸渍材和真空浸渍材质量分别减少 12.1%、10.2%、5.4%；从 250℃ 到 400℃，木材发生第二次热分解，此阶段质量分别减少 68.1%、61.9%、60.1%；第三次从 400℃ 到 800℃ 发生缓慢的热分解，此阶段质量分别减少 10.5%、14.3%、12.9%。

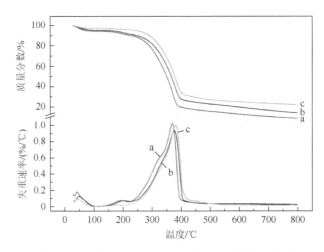

图 5.7　樟子松素材和纳米 Ag/TiO$_2$ 木基复合材的 TG 曲线

a. 樟子松素材；b. 常压浸渍；c. 真空浸渍

当温度为 800℃时，素材、常压浸渍材和真空浸渍材的残灰率分别为 9.3%、13.6%、21.6%，真空浸渍法制备纳米 Ag/TiO₂ 木基复合材料的残留率是素材和常压浸渍法的 2.3 倍和 1.5 倍，说明纳米 Ag/TiO₂ 改性木材起到了稳定残留物的作用；最大降解温度分别为 369.3℃、375.4℃、380.7℃，真空浸渍法制备纳米 Ag/TiO₂ 木基复合材料较素材和常压浸渍材提高了 11.4℃和 5.3℃，说明真空浸渍法阻燃效果优于常压浸渍法，但与超声波辅助浸渍法相比降低 0.8℃，这主要是因为真空浸渍法制备的木基复合材料纳米 Ag/TiO₂ 负载量更大。

5.3.8 模糊综合评判法优化工艺

利用正交试验制备纳米 Ag/TiO₂ 木基复合材，测定 16 组试验的载药量和抗流失率，结果见表 5.6。

表 5.6　纳米 Ag/TiO₂ 木基复合材正交试验的测定结果

试验号	真空度/MPa	纳米 Ag/TiO₂ 浓度/%	真空时间/min	载药量/(kg/m³)	抗流失率/%
1	−0.04	0.5	10	1.271	86.39
2	−0.04	1	20	3.022	88.86
3	−0.04	1.5	30	3.858	88.00
4	−0.04	2	40	7.250	89.16
5	−0.02	0.5	20	1.365	83.67
6	−0.02	1	10	2.454	82.66
7	−0.02	1.5	40	4.189	85.19
8	−0.02	2	30	5.243	82.68
9	−0.08	0.5	30	2.422	95.06
10	−0.08	1	40	3.332	93.90
11	−0.08	1.5	10	3.507	88.67
12	−0.08	2	20	10.332	91.02
13	−0.06	0.5	40	1.581	95.81
14	−0.06	1	30	3.279	92.35
15	−0.06	1.5	20	6.383	90.13
16	−0.06	2	10	7.501	86.09

1. 改性工艺对载药量的影响规律

通过直观分析方法，利用正交试验所得试验数据，分别计算 K_i、k_i 和 R_i，得到正交试验影响因素直观分析表（表 5.7）。

表 5.7　载药量影响因素直观分析表

指标	平均值	真空度/MPa	纳米 Ag/TiO$_2$ 浓度/%	真空时间/min
载药量	K_1	15.40	6.64	14.73
	K_2	13.25	12.09	21.10
	K_3	19.59	17.94	14.80
	K_4	18.74	30.33	16.35
	k_1	3.85	1.66	3.68
	k_2	3.31	3.02	5.28
	k_3	4.90	4.48	3.70
	k_4	4.69	7.58	4.09
	R_i	1.58	5.92	1.59

　　根据极差判断各因素对载药量的影响,按主次排序为:纳米 Ag/TiO$_2$ 浓度、真空时间、真空度。由方差分析(表 5.8)可知,纳米 Ag/TiO$_2$ 浓度对纳米 Ag/TiO$_2$ 木基复合材的载药量影响高度显著。极差分析和方差分析结果吻合。

表 5.8　载药量方差分析表

方差来源	平方和	自由度	均方和	F	显著性
真空度	6.53	3	2.18	2.10	
纳米 Ag/TiO$_2$ 浓度	77.43	3	25.81	24.87	**
真空时间	6.74	3	2.25	2.16	
误差	6.23	6	1.04		
总和	96.93	15			

注:$F_{0.05}(3, 6)= 4.76$,$F_{0.05}(3, 6)= 9.78$。
**表示高度显著。

　　经分析得载药量最优方案为:真空度–0.08 MPa、纳米 Ag/TiO$_2$ 浓度 2%、真空时间 20 min。

2. 改性工艺对抗流失率的影响规律

　　通过直观分析方法,利用正交试验所得试验数据,分别计算 K_i、k_i 和 R_i,得到正交试验影响因素直观分析表(表 5.9)。

表 5.9　抗流失率影响因素直观分析表

指标	平均值	真空度/MPa	纳米 Ag/TiO₂ 浓度/%	真空时间/min
抗流失率	K_1	352.41	360.92	343.82
	K_2	334.20	357.77	353.68
	K_3	368.65	352.00	358.09
	K_4	364.38	348.95	364.05
	k_1	88.10	90.23	85.95
	k_2	83.55	89.44	88.42
	k_3	92.16	88.00	89.52
	k_4	91.10	87.24	91.01
	R_i	8.61	2.99	5.06

根据极差判断各因素对抗流失率的影响，按主次排序为：真空度、真空时间、纳米 Ag/TiO₂ 浓度。由方差分析（表 5.10）可知，真空度、真空时间对纳米 Ag/TiO₂ 木基复合材的抗流失率影响高度显著，纳米 Ag/TiO₂ 浓度对纳米 Ag/TiO₂ 木基复合材的抗流失率影响显著。极差分析和方差分析结果吻合。

表 5.10　抗流失率方差分析表

方差来源	平方和	自由度	均方和	F	显著性
真空度	178.36	3	59.45	52.23	**
纳米 Ag/TiO₂ 浓度	22.09	3	7.36	6.47	*
真空时间	54.57	3	18.19	15.98	**
误差	6.83	6	1.14		
总和	261.84	15			

注：$F_{0.05}(3,6)=4.76$，$F_{0.05}(3,6)=9.78$；
*表示显著；
**表示高度显著。

经分析得抗流失率最优方案为：真空度–0.08 MPa、纳米 Ag/TiO₂ 浓度 0.05%、真空时间 40 min。

3. 基于模糊数学综合评判优选工艺参数

按照 4.3.8 小节中 3.的方法，采用模糊数学综合评判方法，以载药量和抗流失率为目标函数，通过专家调查法确定载药量和抗流失率 2 个评价指标的权重向量分别为 0.6 和 0.4，优化纳米 Ag/TiO₂ 木基复合材料制备工艺参数（胡极航等，2016；

罗斌，2015）。可以得出真空浸渍法制备纳米 Ag/TiO$_2$ 木基复合材的最优改性工艺参数为真空度–0.08 MPa，纳米 Ag/TiO$_2$ 浓度 2%，真空时间 20 min。

5.4 本 章 小 结

（1）真空浸渍制备纳米 Ag/TiO$_2$ 木基复合材的载药量和抗流失率大幅提高。真空度对抗流失率影响显著，当真空度为–0.08 MPa 时，抗流失率比真空度为–0.02 MPa 时提高了 9%；纳米 Ag/TiO$_2$ 浓度对载药量影响显著，浓度为 2%时，载药量提高 3.2 倍。

（2）真空浸渍处理后，纳米 Ag/TiO$_2$ 成功进入了木材内部并附着在细胞壁上，纳米 Ag/TiO$_2$ 与纤维素发生了氢键缔合作用。纳米 Ag/TiO$_2$ 起到了稳定残留物的作用，最大降解温度提高了 11.4℃，热稳定性增强，残灰率提高 2.3 倍，提高了木材的阻燃性能。

（3）通过正交试验的直观分析法和方差分析法得出载药量最优方案：真空度–0.08 MPa、纳米 Ag/TiO$_2$ 浓度 2%、真空时间 20 min。抗流失率最优方案：真空度–0.08 MPa、纳米 Ag/TiO$_2$ 浓度 0.05%、真空时间 40 min。

（4）对樟子松载药量和抗流失率进行模糊综合评判，可以得出真空浸渍法纳米 Ag/TiO$_2$ 木基复合材的最优改性工艺参数为真空度–0.08 MPa、纳米 Ag/TiO$_2$ 浓度 2%、真空时间 20 min。

参 考 文 献

何理辉，马灵飞，林鹏，等，2016. 浅谈微波和真空浸渍改性木材的原理和应用[J]. 林产工业，43（11）：53-55.

胡极航，2016. 单板预处理对其染色效果的影响及机理研究[D]. 北京：北京林业大学.

罗斌，2015. 木质材料砂带磨削磨削力及磨削参数优化研究[D]. 北京：北京林业大学.

吕文华，2004. 木材/蒙脱土纳米插层复合材料的制备[D]. 北京：北京林业大学.

王敏，2012. 纳米二氧化钛基木材防腐剂制备及固着机理研究[D]. 长沙：中南林业科技大学.

王敏，吴义强，胡云楚，等，2012. 纳米二氧化钛基木材防腐剂的分散特性与界面特征[J]. 中南林业科技大学学报，32（1）：51-55.

王舒，2009. 浸渍处理人工林杉木干燥特性的研究[D]. 北京：北京林业大学.

杨海龙，2009. 竹材真空染色工艺及动力学研究[D]. 南京：南京林业大学.

周腊，2015. 抗菌浸渍薄木饰面装饰板的制备工艺与性能研究[D]. 北京：北京林业大学.

第 6 章　纳米 Ag/TiO$_2$ 木基复合材料防霉性能及防霉机制

6.1　引　　言

霉菌通过从木材中吸取营养，供自身发育成长，并借助孢子，通过传播、感染、发芽和菌丝蔓延导致木材发霉和变色，严重影响木材的装饰性能和使用性能（Mmbaga et al.，2016；Riley et al.，2014）。目前防止木材霉变的方法主要分为物理法和化学法。物理法包括烟熏法、水浸法、涂刷法、红外法、超声波法等，但由于缺乏持久的保护性，难以单独使用（王蓓，2015；王雅梅等，2014）。化学法主要通过防霉剂改性木材来提高防霉效果，常见的防霉剂包括油载型防霉剂、水载型防霉剂、天然防霉剂及纳米防霉剂，纳米防霉剂的原理是利用钛、铜、银、锌等金属及其离子的杀菌抑菌功能，通过对木材的纳米改性，提高其防霉性能（林琳等，2016；Azizi et al.，2013；Sen et al.，2009；Blunden and Hill，1998）。纳米防霉剂具有很好的渗透性、耐久性、稳定性、抗流失性和防潮性，其中纳米 TiO$_2$ 因广谱、高效、长效、环境友好等特点日益受到关注（Angela and Cesar，2004；Akira et al.，2000）。将 TiO$_2$ 负载于木材表面制备的 TiO$_2$ 木基复合材料，防霉性能较素材提高 10 倍以上，而且掺杂 Ag、ZnO 等的复合纳米 TiO$_2$ 防霉效果更佳（毛丽婷，2014；孙庆丰，2012；杨优优等，2012；孙丰波等，2010；叶江华，2006）。然而木材的霉变是一个复杂的真菌侵染过程，与木材的营养物质、水分、温度、传染、空气及酸度等有密切的关系，各种条件需要统筹考虑，不能仅通过防霉剂的防霉机理进行解释（李坚，2014）。

因此，本章以第 4 章、第 5 章制备的纳米 Ag/TiO$_2$ 木基复合材为研究对象，探究其防霉性能和防霉机理。通过对防霉性能、FESEM、EDX、压汞法、接触角和尺寸稳定性等方面进行检测，从材料的微观构造、表面元素、孔径分布、润湿性能和防水性能等方面进行分析，探究纳米 Ag/TiO$_2$ 木基复合材料的防霉机理。

6.2　材料与方法

6.2.1　实验材料

樟子松（*Pinus sylvestris* var. mongolica），购于北京市东坝木材市场，均选取

边材，用于防霉性能检测的试件规格为 50 mm（纵向）×20 mm（径向）×5 mm（弦向），其他均为 20 mm×20 mm×20 mm，含水率 12%，六面光滑平整、无霉斑、无蓝变、无虫蛀、无节。

　　纳米 Ag/TiO$_2$ 木基复合材，分别采用超声波辅助浸渍法和真空浸渍法制备纳米 Ag/TiO$_2$ 木基复合材，其中超声波辅助浸渍法同 4.2.2 小节，工艺参数为超声强度 150 W，纳米 Ag/TiO$_2$ 浓度 2%，超声时间 40 min；真空浸渍法同 5.2.2 小节，工艺参数为真空度–0.08 MPa，纳米 Ag/TiO$_2$ 浓度 2%，真空时间 20 min。其他试剂如表 6.1 所示。

表 6.1　主要实验试剂

试剂名称	规格
Ag/TiO$_2$	载银量 1%，30 nm
(NaPO$_3$)$_6$	AR
KH560	AR
乙醇	AR

6.2.2　实验设备

　　主要实验设备如表 6.2 所示。

表 6.2　主要实验设备

仪器	型号
高速磁力搅拌器	85-2A
数控超声波清洗器	KQ5200DB
真空干燥箱	DZF6000
场发射扫描电子显微镜	SU8010
压汞仪	Autopore Ⅳ 9510
光学接触角测试仪	OCA20

注：其他均为实验室常用设备。

6.2.3　防霉性能检测

　　樟子松素材、超声波辅助浸渍法和真空浸渍法制备的纳米 Ag/TiO$_2$ 木基复合材各 30 块，分别放入去离子水中浸泡 48 h，充分吸收水分，确保木材能够为霉菌培养生长提供足够的水分，之后放在利用饱和 KNO$_3$ 溶液构建湿度为 90% 左右的密封高湿干燥器中，观察木材表面霉菌的生长情况。

参照 GB/T 18261—2013《防霉剂对木材霉菌及变色菌防治效力的试验方法》统计合格试材，防治效果以合格试材数占试材总数的百分数表示，见式（6.1）。

$$F = \frac{H}{Z} \times 100\%$$ （6.1）

式中，F 为防治效果（%）；H 为合格试材数量；Z 为测试总试材数量。

凡表面无明显霉斑、蓝变，面积小于 5%，且内部材色正常或只有轻微蓝变，面积小于 5%，可认为防霉防蓝变合格。

6.2.4　微观构造测定

从被测试件横切面上分别切下 1 mm 厚的薄片并粘贴在载物台上，真空离子喷镀金膜，采用场发射扫描电子显微镜（SU8010 型）观察试件表面纳米 Ag/TiO$_2$ 的分布情况和形貌特征。

6.2.5　元素含量测定

将被测试件沿轴向深度 5 mm、10 mm、15 mm、20 mm 锯切，在锯切面上分别切下 1 mm 厚的薄片并粘贴在载物台上，真空离子喷镀金膜，使用 EDX 分析表面元素组成，并计算 TiO$_2$ 质量分数，由于金元素是为了检测时具备导电性而喷上去的，所以需要减去金元素质量，根据式（6.2）计算。

$$w_{\text{TiO}_2} = \omega_{\text{Ti}} \times \frac{100\%}{(100\% - \omega_{\text{Au}})} \times \frac{M_{\text{TiO}_2}}{M_{\text{Ti}}}$$ （6.2）

式中，w_{TiO_2} 为 TiO$_2$ 的质量分数（%）；ω_{Ti} 为 Ti 元素质量分数（%）；ω_{Au} 为 Au 元素质量分数（%）；M_{TiO_2} 为 TiO$_2$ 的原子量；M_{Ti} 为 Ti 的原子量。

6.2.6　压汞法孔径测定

压汞法可以定量表征樟子松素材、超声波辅助浸渍法和真空浸渍法制备纳米 Ag/TiO$_2$ 木基复合材的孔隙变化，将试件切割成 5 mm×5 mm×10 mm，在 103℃±2℃ 的干燥箱中烘至绝干，放入仪器中测试，根据 Washburn 公式测定樟子松素材、超声波辅助浸渍法和真空浸渍法制备纳米 Ag/TiO$_2$ 木基复合材的孔径、孔隙率、累积孔体积等参数。

6.2.7　接触角测定

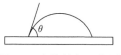

图 6.1　水接触角示意图

接触角测量采用光学接触角测试仪（OCA20），利用系统中高分辨率 CCD 录制接触角随时间变化的数据，并采用数字适配器记录，采用 SCA 软件进行数据分析。用注射针（SNS51-26）将去离子水滴于试件表面，测量水在素材、超声波辅助浸渍法试件、真空浸渍法试件表面的接触角。水的体积为 3 μL，测定温度为 22℃±2℃，湿度为 65%±2%，每块试件在横切面、径切面、弦切面上各选取 3 点，计算平均值。θ 角越大，说明表面疏水性越好，当 90°＜θ＜150°时，为疏水表面；当 θ＜90°时，为亲水表面（图 6.1）。

6.2.8　尺寸稳定性测定

本检测方法参考 GB/T 1934.2—2009《木材湿胀性测定方法》。将樟子松素材和纳米 Ag/TiO_2 木基复合材在真空干燥箱内干燥至绝干，对各试件称量并用游标卡尺测量纵向、径向、弦向尺寸，为保证下次测量的一致性，对测量位置进行标记。将试材完全浸入去离子水中，并用塑料薄膜将烧杯口密封，每 48 h 测量一次木材的体积和质量，持续 60 d。试件的体积变化量（ΔV_i），根据式（6.3）计算。

$$\Delta V_i = \frac{V_i - V_0}{V_0} \times 100\% \qquad (6.3)$$

式中，ΔV_i 为试件的体积变化量（%）；V_i 为第 i 次测量时的体积（cm^3）；V_0 为绝干时的体积（cm^3）。

质量变化量（Δm_i），根据式（6.4）计算。

$$\Delta m_i = \frac{m_i - m_0}{m_0} \times 100\% \qquad (6.4)$$

式中，Δm_i 为试件的质量变化量（%）；m_i 为第 i 次测量时的质量（g）；m_0 为绝干时的质量（g）。

木材抗胀缩率（ASE），根据式（6.5）计算。

$$ASE = \frac{\Delta V_{原 i=max} - \Delta V_{i=max}}{\Delta V_{原 i=max}} \times 100\% \qquad (6.5)$$

式中，ASE 为木材抗胀缩率（%）；$\Delta V_{i=max}$ 为纳米 Ag/TiO_2 木基复合材的体积变化量（%）；$\Delta V_{原 i=max}$ 为素材的体积变化量（%）。

6.3　结果与分析

6.3.1　防霉性能

樟子松素材、超声波辅助浸渍法和真空浸渍法制备的纳米 Ag/TiO₂ 木基复合材表面霉变情况见图 6.2。樟子松素材表面分布着灰绿色菌丝，部分可见明显菌斑，木材失去原有色泽，表面污染严重，由此可知，樟子松素材在潮湿环境下易于霉变，自身不具有防霉性能。超声波辅助浸渍法和真空浸渍法制备的纳米 Ag/TiO₂ 木基复合材表面保持原有色泽，没有出现明显菌丝和霉斑，个别试样出现少量变色，纳米 Ag/TiO₂ 木基复合材与素材相比防霉性能提高，素材的防治效果为 6.67%，而超声波辅助浸渍法和真空浸渍法制备的纳米 Ag/TiO₂ 木基复合材防治效果分别为 93.33% 和 96.67%（表 6.3），防霉效果分别提高了 14 倍和 14.5 倍。

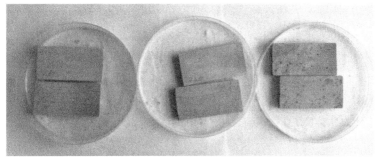

(a) 素材

(b) 超声波辅助浸渍法

(c) 真空浸渍法

图 6.2　试材霉变情况

表 6.3　试材的防治效果

试材	素材	超声波辅助浸渍法	真空浸渍法
防治效果	6.67%	93.33%	96.67%

6.3.2　微观构造分析

图 6.3 为超声波辅助浸渍法和真空浸渍法制备纳米 Ag/TiO$_2$ 木基复合材横切面的 FESEM 图。由图 6.3 可以看出,浸渍处理后,木材细胞壁上有球状和颗粒状粒子紧密排列,使细胞壁凹凸不平,根据第 4 章、第 5 章实验可知,球状和颗粒状粒子为纳米 Ag/TiO$_2$。此现象说明纳米 Ag/TiO$_2$ 能够成功进入樟子松细胞腔内,并附着于细胞壁上。木材中的水分主要以细胞腔中的水蒸气、细胞腔中的液态水和细胞壁中的结合水存在,纳米 Ag/TiO$_2$ 进入木材细胞腔内,占据了细胞腔内水蒸气和液态水的空间,纳米 Ag/TiO$_2$ 附着于细胞壁上并与其发生羟基反应,有效阻止了细胞壁和纹孔膜上的微细孔隙通道的水分移动,减少了细胞壁活性羟基数量从而影响对结合水的吸附,因此纳米 Ag/TiO$_2$ 的附着不仅能起到杀菌抑菌的作用,还能降低木材中的水分含量,破坏真菌生活环境。

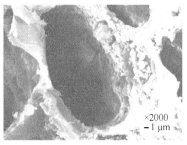

(a) 超声波辅助浸渍法　　　　　　　　　　　　(b) 真空浸渍法

图 6.3　纳米 Ag/TiO$_2$ 木基复合材料的 FESEM 图

6.3.3　元素含量分析

　　纳米 Ag/TiO$_2$ 木基复合材表面成分能谱分析如图 6.4 和图 6.5 所示。试样成分主要有 C、O、Ti 三种元素，其中超声波辅助浸渍法的质量分数分别为 40.62%、40.87%、9.20%，摩尔分数分别为 54.76%、41.36%、3.11%；真空浸渍法的质量分数分别为 34.31%、39.01%、9.14%，摩尔分数分别为 49.42%、42.18%、3.30%。C 来自木材本身，Ti 来自纳米 Ag/TiO$_2$，O 来自木材和纳米 Ag/TiO$_2$，Au 来自于

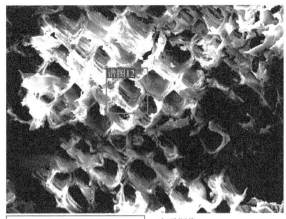

元素	质量分数/%	摩尔分数/%
C	40.62	54.76
O	40.87	41.36
Ti	9.20	3.11
Au	9.30	0.76
总量	100.00（四舍五入）	

图 6.4　超声波辅助浸渍法制备纳米 Ag/TiO$_2$ 木基复合材料的能谱分析

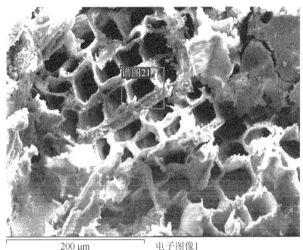

元素	质量分数/%	摩尔分数/%
C	34.31	49.42
O	39.01	42.18
Ti	9.14	3.30
P	3.66	2.05
Na	2.07	1.56
Au	10.46	0.92
Ca	1.35	0.58
总量	100.00	

图 6.5　真空浸渍法制备纳米 Ag/TiO$_2$ 木基复合材料的能谱分析

喷金处理，由于 Ag 含量过低，无法检测出来，由此说明纳米 Ag/TiO$_2$ 成功附着于木材表面上，按 Ti 元素质量分数计算超声波辅助浸渍法制备的试材表面纳米 Ag/TiO$_2$ 的质量分数为 15.33%，真空浸渍法制备的试材表面纳米 Ag/TiO$_2$ 质量分数为 15.23%。由第 2 章可知，纳米 Ag/TiO$_2$ 在自然光下对黑曲霉菌和绿色木霉菌的最低抑菌浓度为 0.125%，远低于木材表面纳米 Ag/TiO$_2$ 的浓度，可推断纳米 Ag/TiO$_2$ 木基复合材表面具备抗菌性能。

6.3.4　元素轴向分布分析

多数木制品在进行防霉处理后，会有后续的加工，可能会切削掉部分表层材料，因此研究纳米 Ag/TiO$_2$ 在木材中的分布情况，可以判断实际应用中纳米 Ag/TiO$_2$ 木基复合材的防霉效果。图 6.6 为纳米 Ag/TiO$_2$ 木基复合材轴向深度中纳米 Ag/TiO$_2$ 的质量分数。纳米 Ag/TiO$_2$ 在樟子松的轴向分布差异较大，在离端口近的部分大量分布，随着轴向深度加深，纳米 Ag/TiO$_2$ 质量分数下降，在距端口 20 mm 处，超声波辅助浸渍法制备的纳米 Ag/TiO$_2$ 木基复合材料中纳米 Ag/TiO$_2$ 质量分数为 1.05%，真空浸渍法的纳米 Ag/TiO$_2$ 质量分数为 0.97%。由第 2 章可知，纳米 Ag/TiO$_2$ 在自然光下对黑曲霉菌和绿色木霉菌的最低抑菌浓度为 0.125%，所以在 20 mm 深度处，复合材料仍具有良好的防霉性能，对其进行加工对防霉性能影响不大。

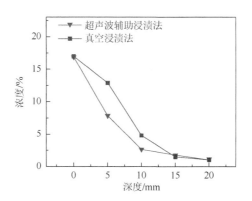

图 6.6　纳米 Ag/TiO$_2$ 木基复合材料的轴向分布

6.3.5　孔径分布分析

按照 Plötze（2011）利用压汞法测定木材中孔径类型：大孔（58～0.5 μm）、介孔（500～80 nm）和微孔（<80 nm），将樟子松中孔隙结构分类，见表 6.4。

表 6.4　针叶材中各种构造元素的孔隙结构（王哲和王喜明，2014）

构造元素	直径	孔隙形状	孔隙尺度
管胞	15～40 μm	管状	大孔
树脂道	50～300 μm	管状	大孔
具缘纹室口	4～30 μm	倒漏斗状	大孔
具缘纹孔口	400 nm～6 μm	管状	大孔
具缘纹孔膜	10 nm～8 μm	多边形间隙	微孔～介孔～大孔
细胞壁	2～100 nm	裂隙状、圆筒状、裂隙圆筒混合结构	微孔～介孔
微纤丝间隙	2～4.5 nm	裂隙状	微孔

表 6.5 所示为樟子松素材、超声波辅助浸渍法和真空浸渍法制备的纳米 Ag/TiO$_2$ 木基复合材的孔隙情况。超声波辅助浸渍法和真空浸渍法的压入体积分别为 1.62 mL/g 和 1.37 mL/g，较素材 1.86 mL/g 分别降低了 12.90% 和 26.34%；超声波辅助浸渍法和真空浸渍法的孔隙率分别为 61.48% 和 56.90%，较素材的 70.86% 分别减少了 9.38 和 13.96 个百分点，这是由于纳米 Ag/TiO$_2$ 附载于木材孔隙中，使孔隙数量和总体积减小，平均孔径大幅增加，说明减少的主要为微孔和介孔，纳米 Ag/TiO$_2$ 主要负载于该尺寸的孔隙上。

表 6.5　素材和纳米 Ag/TiO$_2$ 木基复合材孔隙情况

样品	压入总体积/(mL/g)	平均孔径/nm	孔隙率/%
樟子松	1.86	332.8	70.86
超声波辅助浸渍法	1.62	1139.9	61.48
真空浸渍法	1.37	708.6	56.90

图 6.7 为樟子松素材、超声波辅助浸渍法和真空浸渍法制备的纳米 Ag/TiO$_2$ 木基复合材的累积孔体积和孔径关系图。当孔径大于 36642 nm 时，纳米 Ag/TiO$_2$ 木基复合材和樟子松素材的累积孔体积相当，说明该范围的数量相当；当孔径范围在 36642～5019 nm 时，真空浸渍法与素材累积孔体积增幅相当，而超声波辅助浸渍法的累积孔体积显著提高，推测该范围内超声波辅助浸渍法制备的纳米 Ag/TiO$_2$ 木基复合材的孔数量大于另两种材料，对照表 6.4，该范围内对应的构造元素为树脂道和管胞，这可能是由于超声波处理时产生的"声空化"现象，能促排出树脂道内内含物，使该范围内孔径增加；当孔径范围在 5019～349 nm 时，超

声波辅助浸渍法和真空浸渍法的累积孔体积增幅大于素材，对照表 6.4，该范围内对应的构造元素为具缘纹室口、具缘纹孔口和具缘纹孔膜，这可能是由于真空处理和超声波处理时会产生压力差，使纹孔受到破坏，体积变大；当孔径范围在349～77 nm 时，超声波辅助浸渍法和真空浸渍法的累积孔体积显著小于素材，对照表 6.4，该范围内对应的构造元素为细胞壁，而此范围也是纳米 Ag/TiO$_2$ 粒径分布的范围，由此推测是由于纳米 Ag/TiO$_2$ 附着于细胞壁上引起了体积变化（He et al.，2014）。

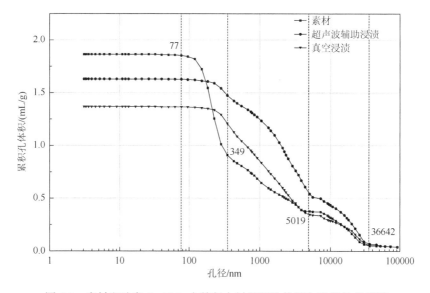

图 6.7　素材和纳米 Ag/TiO$_2$ 木基复合材累积孔体积与孔径的关系图

　　图 6.8 为樟子松素材、超声波辅助浸渍法和真空浸渍法制备的纳米 Ag/TiO$_2$ 木基复合材的微分孔体积和孔径的关系图。微分孔体积能反映出孔径分布情况，由图 6.8 可知，当孔径大于 36306 nm 时，三种材料孔径数量相近；当孔径范围在 5600～36306 nm 时，超声波辅助浸渍法制备的纳米 Ag/TiO$_2$ 木基复合材的孔数量大于另外两种材料，与累积孔体积分析一致；当孔径范围在 316～5600 nm 时，纳米 Ag/TiO$_2$ 木基复合材的孔数量大于素材，其中超声波辅助浸渍法的峰值为 2231 nm 和 3530 nm，真空浸渍法分布均匀，此部分可能是纳米 Ag/TiO$_2$ 颗粒间产生的孔隙，也可能是由纹孔受到破坏导致的；当孔径小于 316 nm 时，素材孔数量显著大于纳米 Ag/TiO$_2$ 木基复合材，特别是在小于 100 nm 的范围内，纳米 Ag/TiO$_2$ 木基复合材几乎没有分布，这可能是由纳米 Ag/TiO$_2$ 木基复合材负载于木材细胞壁导致的。材料的微分孔体积结论与累积孔体积基本一致。

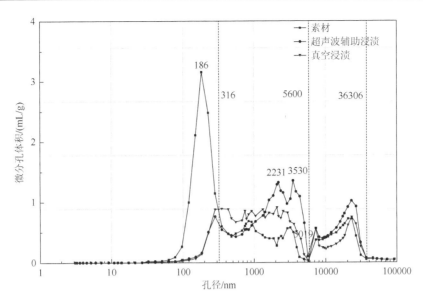

图 6.8　素材和纳米 Ag/TiO$_2$ 木基复合材微分孔体积与孔径的关系图

6.3.6　润湿性能

　　本研究以水的接触角评价樟子松素材、超声波辅助浸渍法和真空浸渍法纳米 Ag/TiO$_2$ 木基复合材的表面润湿性能，从而判断防潮性能。如图 6.9 所示，樟子松素材的表面静态接触角为 91.32°，超声波辅助浸渍法制备的纳米 Ag/TiO$_2$ 木基复合材表面静态接触角为 125.57°，真空浸渍法制备的纳米 Ag/TiO$_2$ 木基复合材表面静态接触角为 122.28°，与素材相比分别提高了 37.51% 和 33.90%，改性后的材料均为疏水性材料。木材纤维含有大量亲水羟基，所以木材本身是一种亲水性材料，

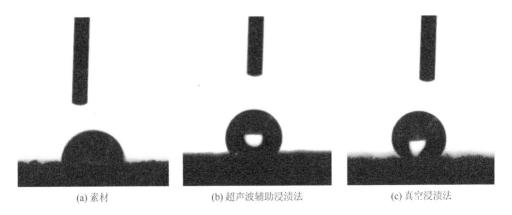

(a) 素材　　　　　　　　(b) 超声波辅助浸渍法　　　　　　　(c) 真空浸渍法

图 6.9　试件静态接触角

而改性后的木材具有疏水性主要是因为木材表面与负载的纳米 Ag/TiO$_2$ 形成微纳米二级粗糙结构,由于"雪球效应",复合材料疏水性增强(Chang et al.,2015)。

图 6.10 为樟子松素材、超声波辅助浸渍法和真空浸渍法纳米 Ag/TiO$_2$ 木基复合材的动态接触角示意图。随着时间的延长,动态接触角均有所降低,其中樟子松素材最为明显,当 4.5 s 时,樟子松素材接触角为 13.29°,之后不足 10°,说明水分逐渐被木材吸收;复合材料接触角降低速度较缓,当 60 s 时,超声波辅助浸渍法接触角为 70.70°,真空浸渍法为 81.28°。接触角降低速度变慢,说明复合材料疏水性能更优,因此防水防潮性能更好,这是由于纳米 Ag/TiO$_2$ 与木材纤维上的亲水羟基发生氢键缔合作用,羟基数量减少,亲水性降低;同时,复合改性剂中的 KH560 引入了疏水性基团长链烷烃,进一步阻止水分进入木材(刘思辰等,2014)。

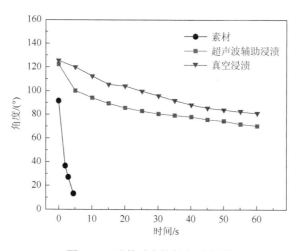

图 6.10　试件动态接触角示意图

6.3.7　防水性能

对樟子松素材、超声波辅助浸渍法和真空浸渍法制备的纳米 Ag/TiO$_2$ 木基复合材进行 60 天冷水浸泡实验,试样的体积变化量(ΔV)和质量变化量(Δm)如图 6.11 和图 6.12 所示。随着浸水时间的延长,试样的体积变化量逐渐增加,在第 40 天时达到吸水饱和,樟子松素材为 14.56%,超声波辅助浸渍材为 12.01%,真空浸渍材为 11.94%。试样的质量变化量也逐渐增加,樟子松素材为 195.54%,超声波辅助浸渍材为 141.51%,真空浸渍材为 140.25%,防水性能提升。经计算,超声波辅助浸渍法制备的纳米 Ag/TiO$_2$ 木基复合材的抗胀缩率为 17.03%,真空浸渍法制备的纳米 Ag/TiO$_2$ 木基复合材的抗胀缩率为 17.79%。

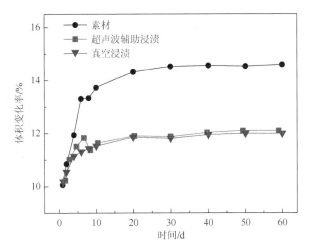

图 6.11　试件体积变化量

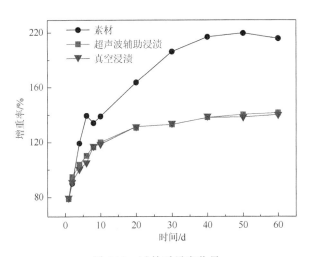

图 6.12　试件质量变化量

分析纳米 Ag/TiO$_2$ 木基复合材防水性能提升的原因：一是由于纳米 Ag/TiO$_2$ 填充在细胞壁孔隙中，阻碍了水分传输的通道，使水分难以进入木材内部，起到了防水的作用；二是纳米 Ag/TiO$_2$ 上的羟基与细胞壁纤维素和半纤维素上的羟基产生氢键键合的作用，阻止了木材与水的结合；三是由于偶联剂引入的 KH560 具有疏水基团—CH$_3$，也起到了一定的防水作用。真空浸渍法制备的纳米 Ag/TiO$_2$ 木基复合材的抗胀缩率大于超声波辅助浸渍法是由于其载药量更高。

在实际应用中，纳米 Ag/TiO$_2$ 木基复合材防水性能提高不仅能保持其尺寸的稳定性，防止木制品变形，而且防止水分的进入能使真菌不具备潮湿的生存环境，达到抑菌的效果。

6.4　纳米 Ag/TiO$_2$ 木基复合材防霉机理分析

目前对纳米 Ag/TiO$_2$ 木基复合材的防霉机理还无统一定论，本节结合实验结果和已有文献，从纳米 Ag/TiO$_2$ 的杀菌抑菌性、防止霉菌感染和防潮疏水性三个方面，对纳米 Ag/TiO$_2$ 木基复合材的防霉机理进行分析。

6.4.1　纳米 Ag/TiO$_2$ 的杀菌抑菌性

1. 纳米 Ag/TiO$_2$ 优异的防霉性能

纳米 Ag/TiO$_2$ 具有优异的防霉效果，纳米 Ag/TiO$_2$ 的防霉机理包括催化作用和协同作用。一方面是由于纳米 Ag 作为浅势阱捕获光生电子，延长光生载流子寿命，提高 TiO$_2$ 光催化活性；另一方面，纳米 Ag 本身也具有很好的抗菌性能，能够破坏菌体外膜，使内容物外泄，损伤 DNA，使脱氢酶失去活性，与纳米 TiO$_2$ 具有协同作用（刘锐，2013；Xiang et al.，2010；Paramasivam et al.，2008；Zhang et al.，2008）。

纳米 Ag 的掺杂改善了纳米 TiO$_2$ 在自然光下防霉效果不佳的缺点，由 2.2.3 小节可知，在自然光条件下照射 8 h，纳米 Ag/TiO$_2$ 对黑曲霉和绿色木霉的抗菌率均达到90%以上，且随着光照时间延长，抗菌率持续上升。因此，当纳米 Ag/TiO$_2$ 作为木材防霉剂用于室内外环境时，正常的日照时长即可达到优异的防霉效果，满足防霉要求，无需额外补充光照。

2. 表面负载大量纳米 Ag/TiO$_2$

根据 6.3.3 小节中元素含量测定结果，超声波辅助浸渍法制备的纳米 Ag/TiO$_2$ 木基复合材的表面 Ti 的质量分数为 9.20%，真空浸渍材为9.14%，即 TiO$_2$ 的质量分数分别为 15.33%和 15.23%。而第 2 章的实验表明，在自然光条件下，当浓度达到 0.25%时，对绿色木霉菌的抗菌率为 99.99%，当浓度达到 0.5%时，对黑曲霉菌的抗菌率为 99.99%，纳米 Ag/TiO$_2$ 木基复合材表面的纳米 Ag/TiO$_2$ 含量远大于此浓度，由于霉菌主要在木材表面借助孢子进行传播、感染、发芽和菌丝蔓延进行繁衍，因此纳米 Ag/TiO$_2$ 起到了有效的抗真菌作用（Mmbaga et al.，2016；杜海慧等，2013；眭亚萍，2008）。

3. 纳米 Ag/TiO$_2$ 深入木材内部

由 6.3.2 小节可以看出，纳米 Ag/TiO$_2$ 能够成功进入樟子松细胞腔内，并附着于细胞壁上，而引起霉变的真菌以木材中的低聚糖和淀粉为养料，附着于细胞壁上的纳米 Ag/TiO$_2$ 有效阻断了真菌的营养来源。由 6.3.4 小节可知，在距端口 20 mm 处，超声波辅助浸渍法制备的纳米 Ag/TiO$_2$ 木基复合材中纳米 Ag/TiO$_2$ 的质量分数为 1.05%，真空浸渍法制备的纳米 Ag/TiO$_2$ 木基复合材中纳米 Ag/TiO$_2$ 的质量分数为 0.97%。由 2.2.3 小节中 5.可知，纳米 Ag/TiO$_2$ 在自然光下对黑曲霉菌和绿色木霉菌的最低抑菌浓度为 0.125%，低于 20 mm 深度处纳米 Ag/TiO$_2$ 的质量分数。纳米 Ag/TiO$_2$ 深入木材内部一方面能防止部分孢子进入木材内部继续繁殖，另一方面多数木制品在进行防霉处理后会有后续的加工，可能会切削掉部分表层材料，因此在实际生产应用中纳米 Ag/TiO$_2$ 木基复合材仍具有良好的防霉效果。

6.4.2　阻隔霉菌侵染

霉菌及其孢子的直径一般为 10～100 μm 和 2～10 μm，尺寸小于管胞和树脂道，可以通过管胞和树脂道继续侵入木材内部进一步破坏木材（沈萍和陈向东，2016）。原理如图 6.13 所示，纳米 Ag/TiO$_2$ 改性木材后，木材的孔径数量和体积显著减少，由压汞法测得超声波辅助浸渍法和真空浸渍法的压入体积分别为 1.62 mL/g 和 1.37 mL/g，较素材 1.86 mL/g 降低了 12.90% 和 26.34%；超声波辅助浸渍法和真空浸渍法的孔隙率分别为 61.48% 和 56.90%，较素材 70.86% 减少了 9.38 和 13.96 个百分点，孔径数量和体积的减少，有效封闭了霉菌及孢子进入木材内部的通道，阻止了其进一步侵染木材。

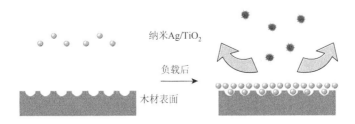

图 6.13　纳米 Ag/TiO$_2$ 阻隔真菌感染

6.4.3　提高防潮疏水性

水分是构成感染木材霉菌菌体的主要成分，也是侵害木材的媒介，多数真菌适宜在木材含水率为 35%～60% 时生长，而当含水率低于 20% 时会抑制霉菌发育（Zhao et al.，2008；杨建卿等，2006）。由 6.3.6 小节可知，超声波辅助浸渍法和真空浸渍法制备的纳米 Ag/TiO$_2$ 木基复合材表面静态接触角分别为 125.57° 和

122.28°，与素材相比分别提高了 37.51%和 33.90%；动态接触角降低速度较缓，素材在 4.5 s 时，水滴被完全吸收，而纳米 Ag/TiO₂ 木基复合材在 60 s 时，动态接触角分别为 70.70°和 81.28°，说明纳米 Ag/TiO₂ 木基复合材的疏水性大幅提高。由 6.3.7 小节可知，超声波辅助浸渍法和真空浸渍法制备的纳米 Ag/TiO₂ 木基复合材抗胀缩率分别为 17.03%和 17.79%，持续防水防潮性能也有所提高。

　　木材本身是一种亲水性材料，而改性后木材具有防潮疏水性的主要原因，一是木材表面与负载的纳米 Ag/TiO₂ 形成微纳米二级粗糙结构，"雪球效应"使得复合材料疏水性增强；二是由于纳米 TiO₂ 表面的羟基与木材表面的羟基反应，减少了羟基数量，降低了木材亲水性；三是改性过程中添加了 KH560，其表面的疏水基团通过 TiO₂ 连接在木材表面，形成疏水层，有效防止水分进入木材（Chang et al.，2015）（图 6.14）。

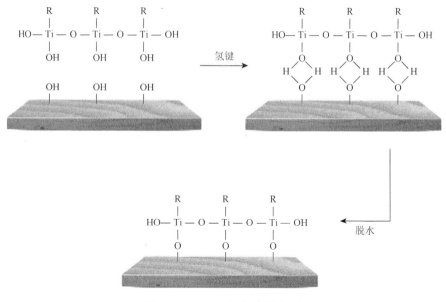

图 6.14　KH560 连接木材表面

6.5　本 章 小 结

　　（1）防霉效果显著提高，超声波辅助浸渍法和真空浸渍法制备的纳米 Ag/TiO₂ 木基复合材对霉菌的防治效果分别为 93.33%和 96.67%，防霉效果分别提高了 14 倍和 14.5 倍。

　　（2）纳米 Ag/TiO₂ 附着于木材表面并深入木材内部。纳米 Ag/TiO₂ 能够成功进入樟子松细胞腔内，并附着于细胞壁上，超声波辅助浸渍法和真空浸渍法制备的纳米 Ag/TiO₂ 木基复合材表面附着的纳米 Ag/TiO₂ 的质量分数为 15.33%和 15.23%，且在距端口 20 mm 处，纳米 Ag/TiO₂ 的质量分数为 1.05%和 0.97%。

（3）纳米 Ag/TiO₂ 附载于木材孔隙中，使孔隙数量和总体积减小。超声波辅助浸渍法和真空浸渍法制备的纳米 Ag/TiO₂ 木基复合材压入体积较素材降低了 12.90%和 26.34%；孔隙率较素材减少了 9.38 和 13.96 个百分点，同时纳米 Ag/TiO₂ 木基复合材平均孔径大幅增加，特别是在小于 100 nm 的范围内，纳米 Ag/TiO₂ 木基复合材几乎没有分布，说明减少的主要为微孔和介孔，是由纳米 Ag/TiO₂ 木基复合材负载于木材细胞壁导致的。

（4）木材表面润湿性和防水性显著提高。超声波辅助浸渍法和真空浸渍法制备的纳米 Ag/TiO₂ 木基复合材表面接触角分别为 125.57°和 122.28°，与素材相比分别提高了 37.51%和 33.90%；而抗胀缩率分别为 17.03%和 17.79%，持续防水防潮性能也有所提高。

（5）纳米 Ag/TiO₂ 木基复合材的防霉机理主要是由纳米 Ag/TiO₂ 的杀菌抑菌性、阻隔霉菌侵染和提高防潮疏水性三方面共同作用。

参 考 文 献

杜海慧，孙芳利，蒋身学，2013. 慈竹重组材防霉性能的研究[J]. 浙江农林大学学报，30（1）：95-99.

李坚，2014. 木材科学[M]. 北京：科学出版社.

林琳，高欣，柯清，等，2016. 木结构建筑用材防霉方法的现状[J]. 家具与室内装饰，（4）：66-67.

刘锐，2013. 银修饰型纳米复合材料的制备、表征与可见光光催化性能[D]. 武汉：武汉理工大学.

刘思辰，徐剑莹，王小青，等，2014. 纳米 TiO₂ 处理木材的表面疏水性能初探[J]. 木材工业，28（3）：26-29.

毛丽婷，2014. TiO₂ 在木材改性上的研究及应用[D]. 杭州：浙江理工大学.

沈萍，陈向东，2016. 微生物学[M]. 8 版. 北京：高等教育出版社.

眭亚萍，2008. 壳聚糖铜盐与有机杀菌剂复配用于木竹材防腐防霉的初步研究[D]. 杨凌：西北农林科技大学.

孙丰波，余雁，江泽慧，等，2010. 竹材的纳米 TiO₂ 改性及抗菌防霉性能研究[J]. 光谱学与光谱分析，30（4）：1056-1060.

孙庆丰，2012. 外负载无机纳米/木材功能型材料的低温水热共溶剂法可控制备及性能研究[D]. 哈尔滨：东北林业大学.

王蓓，2015. 己唑醇衍生物的合成及其木材防腐性能研究[D]. 南京：南京林业大学.

王雅梅，马淑玲，冯利群，2014. 利用傅里叶变换红外光谱分析油热处理对木材耐腐性能的影响[J]. 光谱学与光谱分析，34（3）：660-663.

王哲，王喜明，2014. 木材多尺度孔隙结构及表征方法研究进展[J]. 林业科学，50（10）：123-133.

杨建卿，许大凤，檀根甲，2006. 5 种抑霉剂对储藏片烟霉菌的抑制效果[J]. 安徽农业大学学报，33（2）：222-225.

杨优优，卢凤珠，鲍滨福，等，2012. 载银二氧化钛纳米抗菌剂处理竹材和马尾松的防霉和燃烧性能[J]. 浙江农林大学学报，29（6）：910-916.

叶江华，2006. 纳米 TiO₂ 改性薄木的研究[D]. 福州：福建农林大学.

Akira F，Tata N R，Donald A T，2000. Titanium dioxide photocatalysis[J]. Journal of Photochemistry and Photobiology C: Photochemistry Reviews，1（1）：1-21.

Angela G R，Cesar P，2004. Bactericidal action of illuminated TiO₂ on pure escherichiacoliand natural bacterial consortia: Post-irradiation events in the dark and assessment of the effective disinfection time[J]. Applied Catalysis B: Environmental，2（49）：99-112.

Azizi S，Ahmad M，Hussein M，et al，2013. Synthesis，antibacterial and thermal studies of cellulose nanocrystal stabilized ZnO-Ag heterostructure nanoparticles[J]. Molecules，18（6）：6269-6280.

Blunden S J，Hill R，1988. Bis（tributyltin）oxide as a wood preservative: Its chemical nature in timber[J]. Applied Organometallic Chemistry，2（3）：251-256.

Chang H J，Tu K K，Wang X Q，et al，2015. Fabrication of mechanicallydurable superhydrophobic wood surfaces using polydimethylsiloxane and silicananoparticles[J]. RSC Advances，5：30647-30653.

He Z B，Zhao Z J，Yang F，et al，2014. Effect of ultrasound pretreatment on wood prior to vacuum drying[J]. Maderas Ciencia Y Tecnologia，16（4）：395-402.

Mmbaga M T，Mrema F A，Mackasmiel L，et al，2016. Effect of bacteria isolates in powdery mildew control in flowering dogwoods（*Cornus florida* L.）[J]. Crop Protection，89：51-57.

Paramasivam I，Macak J M，Schmuki P，2008. Photocatalytic activity of TiO₂ nanotube layers loaded with Ag and Au nanoparticles[J]. Electrochemistry Communications，10（1）：71-75.

Plötze M，Niemz P，2011. Porosity and pore size distribution of different wood types as determined by mercury intrusion porosimetry[J]. European Journal of Wood and Wood Products，69（4）：649-657.

Riley R，Salamov A A，Brown D W，et al，2014. Extensive sampling of basidiomycete genomes demonstrates inadequacy of the white-rot/brown-rot paradigm for wood decay fungi[J]. Proceedings of the National Academy of Science，111（27）：9923-9928.

Sen S，Tascioglu C，Tırak K，2009. Fixation，leachability，and decay resistance of wood treated with some commercial extracts and wood preservative salts[J]. International Biodeterioration & Biodegradation，63（2）：135-141.

Xiang Q J，Yu J，Cheng B，et al，2010. Microwave-hydrothermal preparation and visible-light photoactivity of plasmonic photocatalyst Ag-TiO₂ nanocomposite hollow spheres[J]. Chemistry: An Asian Journal，5（6）：1466-1476.

Zhang H，Wang G，Chen D，et al，2008. Tuning photoelectrochemical performances of Ag-TiO₂ nanocomposites via reduction/oxidation of Ag[J]. Chemistry of Materials，20（20）：6543-6549.

Zhao Y，Su H，Zhang X D，et al，2008. Antibacterial mechanism of active anti-bacterial and anti-mildew coatings under visible light irradiation[J]. Journal of Biotechnology，136：S666-S667.

第 7 章　防霉人造板研究现状及发展趋势

7.1　中密度纤维板的霉变

中密度纤维板是一种由天然生物质材料构成的复合材料，营养物质较丰富，易受到外界环境侵蚀而引起霉变。中密度纤维板的霉变是霉菌在适宜的温度、湿度、酸度环境下，通过孢子传播感染纤维，并从纤维上汲取营养，进而发芽、产生菌丝继续蔓延繁殖。因此，中密度纤维板的霉变是霉菌、营养因素、环境因素等多方面综合作用的结果（Mmbaga et al.，2016）。中密度纤维板的霉变表现如图 7.1 所示。

(a) 家具霉变　　　　　　　　　　(b) 装饰板霉变

图 7.1　中密度纤维板霉变

7.1.1　常见霉菌

导致中密度纤维板霉变的霉菌主要为子囊菌纲与不完全菌纲的真菌，隶属于真菌植物门，霉菌是通过孢子进行传播、感染、发芽和菌丝蔓延来进行繁衍的。由于霉菌是典型的异养生物，细胞中不含叶绿素，因此其不能利用空气中的 CO_2 和水分生成营养物质，而是要从其他生物有机体或有机物中汲取营养，供其自身生长繁殖（王高伟，2012；王志娟，2005）。

真菌种类多达八万余种，其中危害中密度纤维板的有一千多种，最常见的引起中密度纤维板霉变的有黑曲霉、绿色木霉、橘青霉等。遭到霉变后可见黑色或墨绿色霉斑，降低了其装饰性能和使用性能（刘添娥等，2014）。

7.1.2　影响中密度纤维板霉变的因素

影响中密度纤维板霉变的因素主要包括外部环境因素和中密度纤维板内部因素。营养因素包括碳源、氮源、维生素和矿物质等，外部环境因素包括水分、温度、氧气含量、pH 等，中密度纤维板自身的因素包括密度、树种和胶黏剂种类及添加量等。

1. 外部环境因素

1）水分

水分是微生物进行生命活动的基本条件，是构成微生物生命有机体的重要组成部分，是微生物最基本的营养要素，同时也是霉菌汲取营养物质的主要媒介。霉菌的生长繁殖需要较高的湿度，最适宜曲霉、青霉菌、毛霉、根霉等生长繁殖的相对湿度分别为 70%、80%、90% 和 85%。

2）温度

在影响霉菌生长繁殖的外界因素中，温度的影响相对较大。霉菌生长繁殖的最适宜温度为 25～40℃，其中曲霉生长繁殖的最适宜温度为 25～37℃，最适宜青霉菌生长繁殖的温度为 20℃左右，毛霉生长繁殖的最适宜温度是 20～25℃。如果温度高于 45℃或低于 10℃，均会抑制霉菌的生长发育。霉菌耐寒不耐热，在 50℃下热处理 24 h，或在温度为 63℃时，仅需 3 h 便可杀灭菌源，但在低温条件下可长期存活，在 0℃下霉菌孢子可长期储存。

3）氧气

空气对霉菌的生长繁殖有很大的影响，绝大多数霉菌为好氧型真菌，需要氧气进行呼吸作用，只有在氧气的条件下才能生长。霉菌的需氧量很少，其生长的最低氧气含量为 1%，在完全无氧状态下仅能存活 2～3 d。

4）pH

多数感染中密度纤维板的霉菌适宜在弱酸性介质中生长繁殖，如当 pH 为 4 时最适合黑曲霉生长繁殖，pH 为 6 时最适合橘青霉生长繁殖，pH 为 5 时最适合黄曲霉生长繁殖，pH 为 5.5 时最适合指状青霉生长繁殖，pH 为 4 时最适合黑根霉生长繁殖。而大部分木质纤维的 pH 在 4～6.5 之间，为霉菌的生长繁殖提供了良好的生存条件（顾学斌，2011）。

2. 中密度纤维板内部因素

1）密度

不同树种密度不同，目前中密度纤维板主要有阔叶材杨木、桉木、桦木纤维等，这些材种质地疏松，更易遭受霉菌侵蚀。同时，板材的密度大小会影响中密度纤维板的防霉性能，密度小的板材较密度大的板材质地疏松，更容易受霉菌侵蚀。

2）树种

木材的主要成分包括木质素、纤维素、半纤维素、一些微量元素、抽提物、水等。中密度纤维板主要由树脂和木质纤维构成，木质纤维中含有低聚糖、淀粉、无机盐等物质。霉变菌主要是以细胞腔内含物为碳源，如淀粉和糖类等养分，其主要生长在板材表面，对其力学性能一般破坏不大。木腐菌以细胞壁为碳源，通过接触细胞壁来分解高聚糖，溶穿细胞壁进而繁殖（杜海慧等，2013）。同时，木质纤维中的微量物质能为霉菌生长提供必要的氮源、矿物质和维生素（Tuor et al.，1995）。因不同树种成分含量不同，所压制的中密度纤维板的防霉性能有所不同，研究表明，杨树和桉树的木纤维更易遭受霉菌的侵蚀。

3）胶黏剂

胶黏剂种类及添加比例对中密度纤维板的防霉性能影响较大。例如，大豆蛋白胶黏剂营养物质丰富，其制备的人造板材料极易遭受霉菌侵蚀（李伟，2013）。由于脲醛树脂胶黏剂中含有甲醛等有毒物质，有一定的抑菌作用，其制备的中密度纤维板相比于豆胶制备的板材较不易于感染霉菌。近年来，人们对环保的要求越来越高，低物质的量比的脲醛树脂因甲醛释放量低更受人们的青睐。脲醛树脂的物质的量比越低，甲醛含量也越低，其制备的中密度纤维板越易受霉菌侵蚀。

7.1.3　中密度纤维板防霉方式

1. 生产前预处理

生产前预处理是指在中密度纤维板生产前期进行防霉处理，如利用防霉抗菌剂溶液对纤维进行浸泡处理，使防霉抗菌剂渗透到纤维细胞内部或附着在纤维表面，赋予纤维防霉抗菌的功能。然后对经防霉抗菌处理的纤维进行干燥，再经过施胶、干燥、预压、热压等工序进行压板，制备具有防霉抗菌功能的中密度纤维板。

2. 生产中处理

生产中处理是指在中密度纤维板生产中期阶段进行防霉处理，主要包括两种方式。其一是将防霉抗菌剂以粉末、溶液、乳液等形式添加到胶黏剂中混合均匀，进行喷胶、干燥、热压等工序制备具有防霉抗菌功能的中密度纤维板；其二是对预压好的板坯进行防霉处理，如进行防霉抗菌剂溶液喷涂、刷涂处理，然后再进行热压，制备具有防霉抗菌功能的中密度纤维板。

3. 生产后处理

生产后处理是指在中密度纤维板制备结束后对中密度纤维板成品进行防霉抗菌处理。利用防霉抗菌剂溶液对中密度纤维板进行浸泡、刷涂、喷涂等处理，使其具有防霉抗菌功能，但生产后处理的方式对中密度纤维板的外观及力学性能有较大影响，可能会使中密度纤维板的使用性能大打折扣。

7.2　防霉剂的种类及应用

7.2.1　防霉剂的种类

防霉抗菌剂是指能够有效抑制霉菌、细菌等微生物的生长及繁殖，造成其难以生存的环境，且抑制效果持续时间较久的一类药剂（陈杰，2012）。防霉抗菌剂分类方式多样，按其来源不同可分为三大类，即天然防霉抗菌剂、有机防霉抗菌剂和无机防霉抗菌剂（金宗哲，2004）。

1. 天然防霉抗菌剂

天然防霉抗菌剂大多是从天然的动植物中提取而来，主要包括罗汉柏油、柏树萃取成分、芦荟、松树、艾蒿、甘草等提取物及壳聚糖等。木材自身的天然化学成分具有抵抗微生物侵害的功能，漆树、柚木、长白落叶松等木材的木质部、树皮、根茎叶提取物作为抗菌剂具有一定的抗菌效果（Eller et al., 2010; Sen et al., 2009）。其中应用于木质材料防霉抗菌方面较多的有壳聚糖、柏木苯醇抽提物、竹醋液等。有研究表明竹醋液、柏木苯醇抽提物对木材和竹材均有较好的防霉抗菌效果，尤其是竹醋原液对木霉菌的抑制率达 99%以上（Kilic and Niemz, 2012）。天然防霉抗菌剂与环境相容性好，具有安全性高、抗菌效果好、对人体无毒无害等优点，但因提取、加工较难，耐热性差，药效持续时间短等不足，使其应用受到了一定的限制（郑皓等，2011）。

2. 有机防霉抗菌剂

有机防霉抗菌剂是开发较早的一类防霉剂，20 世纪 80 年代左右在防霉抗菌剂的应用方面占主导地位。其品种繁多，主要有酚类、双胍类、醇类、酰基苯胺类、咪唑、噻唑等的衍生物。有机防霉抗菌剂抗菌效果显著，加工方便，杀菌效率高，但易流失导致药效时间较短，对人和环境存在毒副作用，且容易产生抗药性，因此近年来其应用受到一定的限制（伍敏杨和魏运方，1998）。例如，五氯酚类防霉抗菌剂中常含有微量多氯代二苯-*p*-二噁英（PCDDS），这种物质会诱发哺乳动物发生癌变,对人体健康危害极大(Krause and Englert,1980)。三唑类抗菌剂具有对人畜低毒害、成本低廉等特点,对腐朽菌效果显著,但对霉菌防治效果较差,季铵盐与铜的络合物复配,其效果优于五氯酚钠和三唑酮(方桂珍和任世学,2002)。煤杂酚油的应用较为普遍,其耐候性好,且对金属的腐蚀性很低,但会释放刺激性气味,刺激性浓烟会伴随燃烧时大量产生,并且会影响处理材的外观性能,不利于胶合和油漆;最重要的是因其含有致癌性多环芳烃可能严重危害人畜生命安全,造成环境污染(胡迪,2011;Hall et al.,1984),因此很多国家和地区已经禁止使用此类防霉药剂。

3. 无机防霉抗菌剂

无机防霉抗菌剂主要是指将金属银、锌、铜等单质或离子负载于其他无机物载体上的一类制剂。这类防霉抗菌剂耐热性好,低毒,无耐药性,是一种广谱长效型的防霉抗菌材料,但其抗菌效率相对较低,制作过程也较为复杂(王华和梁成浩,2004)。近年来,对无机防霉抗菌剂的研究较多且应用广泛,其中应用最多的是银,这是因为银离子毒性很小,不易累积在人体内,几乎不会危害人体生命健康。目前无机防霉抗菌剂大多是含银或银离子的无机物,载体主要有沸石、二氧化钛、磷酸锆、玻璃微粒等。但是,随着科技的不断进步,无机防霉抗菌剂又有了突破性的进展,即纳米型无机防霉抗菌剂,此类防霉抗菌剂拥有极高的比表面积,理化性能优越,抗菌效果较传统的抗菌剂有大幅度提升,成为抗菌材料的新宠(张立德和牟季美,1994)。纳米 Ag 是一种广谱、高效的新型防霉抗菌剂,其未饱和的配位能力与细菌或真菌表面的氮或氧作用,破坏细胞结构,起到杀菌作用(薄丽丽,2008;Chen and Schluesener,2008)。纳米 Ag 可单独作抗菌剂使用,也可以与其他材料复合使用而产生协同效应,进一步提升抗菌效果,如使用壳聚糖-Ag 复合物对杨木进行改性,改性后试材对绿色木霉和黑曲霉的防治效力可达 100%(李雨爽等,2016;Gao et al.,2016;刘文静,2015)。目前,纳米 TiO_2 也是国内外研究最为活跃的无机纳米材料之一,其具有防紫外线、超亲水和超亲油、无毒、抗菌并能分解细菌等特性(Nelson and Deng,2008;Paramasivam et al.,2008;Liu et al.,1999),引发了国内外众多科学研究人员的深入研究。国内曾有研究人员以工业偏钛酸、工业浓硫酸为原料,采用稀释热水解法进行连续酸溶水解,将银以磷酸难溶盐的形式载入二氧化钛,制备出载银二氧化钛防霉抗菌剂,其杀菌率可达 99.99%(马登峰等,2006)。纳米 ZnO 为宽禁带半导体材料,防霉抗菌性能优良,利用纳米 ZnO 制成木塑复合材料能显著提高其防霉性能(Yu et al.,2012)。金属铜可以有效干扰真菌内部酶的正常表达,并可以使真菌内部的酶发生变性,还可破坏细胞膜的完整性(Kartal et al.,2009;Gadd,1993)。也有人通过湿法研磨制备纳米氧化铜与纳米氧化性复合型防腐剂,利用穿孔法抑菌对比实验检测其抑菌性能，实验表明与普通 CuO-ZnO 粉体复合物相比，纳米 CuO-ZnO 复合木材防腐剂抑菌效果更优（许民等，2014）。但由于铜基防霉抗菌剂中常含有金属铜离子，其对人体健康和环境质量存在威胁，且处理材废弃后没有有效的回收处理途径，因此其应用受到了很大的限制，在美国、加拿大等很多国家已经明确禁止使用（Humar et al.，2006；Lebow，2004）。

7.2.2 防霉剂的应用

多种多样的细菌、霉菌等微生物生存在自然界中，它们处于土壤、空气、水等各种媒介中。其中，有些微生物会严重危害人体健康。人类使用防霉抗菌剂可以追溯到很久以前，众所周知的木乃伊就是古埃及人利用天然防霉抗菌材料和硫化汞的混合物制成的；我国古代人用银质器皿来保存食物和饮料，也是利用了金属银有一定的抑菌效果这一特性；李时珍所著的《本草纲目》中对银的抑菌效果也做了详细记载；明朝时期用于治疗肺炎的陈芥菜卤，可以说是我国古代的青霉素，因为陈芥菜卤的制作方法与青霉的培养过程十分相似。

1928 年亚历山大·弗莱明意外发现了一种新型的广谱抗菌剂——青霉素。青霉素的发现使人类历史得到进一步发展，其作为人类的救命药，挽救了无数人濒危的生命。第二次世界大战期间，德国的研究人员 G. Domark 采用季铵盐类抗菌剂来处理军装，极大地减少了军人受伤后伤口感染的发生，挽救了无数军人的生命（佟会和邱树毅，2006）。这一发明揭开了现代防霉抗菌剂应用研究的序幕，防霉抗菌剂的应用已经渗透到生活的方方面面。Kanazawa 等（1994）合成了一种季鏻盐类防霉抗菌剂，并将其用于处理纤维素纤维的表面，发现处理后的纤维素纤维对革兰氏阴性大肠埃希菌和革兰氏阳性金黄色葡萄球菌均有较强的抑制作用，且抗菌持久。Eley（1999）在相关研究中指出，将酚类化合物添加到牙膏、漱口液和口腔清洁剂中可以有效地抑制牙菌斑的产生，同时还可以减少牙龈炎症的发生。Wataru 等将噻苯达唑和金属银混合掺杂，制备出一种新型抗菌剂，并将其应用到医用滤纸中，取得了很好的抗菌效果（Wataru and Katsuhiko，1993）。防霉抗菌剂还可以应用于水、空气等的净化处理，用纳米 TiO_2 处理自来水，可以使水中的细菌总数大幅降低，并且灭菌消毒效果安全可靠（Mills et al.，1993）。

近年来，人们对于具有防霉抗菌功能的室内装饰材料的需求也逐渐增多。张玉林等（2002）利用纳米 TiO_2 的超亲水性和光催化性，将其与无机防霉抗菌剂复配，制备出的纳米多功能型防霉抗菌外墙涂料不仅可以有效吸附和分解空气中的有害气体，还有良好的防水性、耐污性和耐老化性，同时具有良好的防霉抗菌性能。还有研究表明，以纳米 TiO_2 为原料，沸石为载体制备的防霉抗菌剂来处理内墙涂料，所得的防霉抗菌涂料的耐洗刷性、耐水性、硬度、附着力等各项性能均达到国家标准的质量要求,且抗菌效果显著,防霉等级可达到 1 级(贺天姝,2011)。除了涂料,地板也是室内装饰材料的重要组成部分,贾翀在其博士论文中得出以无醛豆胶为胶黏剂,添加 1%的 HBT-032 型载银羟基磷酸锆纳米抗菌剂,分散剂为六偏磷酸钠,制备出的环保型抗菌多层实木复合地板的抗菌率可达 99%以上,且具有优越的环保性能(贾翀,2013)。防霉抗菌型建筑材料层出不穷,且种类越来越多,日本、美国及欧洲等发达国家和地区相继出台了防霉抗菌功能建筑材料的相关标准,为其标准化发展提供了有力的依据及支持(王静,2012)。

防霉抗菌材料不仅应用于室内装饰材料中,现如今已经广泛应用于生活的方方面面。例如,2000 年日本的洗浴卫生设备、小学和幼儿园家具、儿童玩具等 70%以上都采用了防霉抗菌材料,以减少疾病的传播。防霉抗菌剂的应用及制品如表 7.1 所示(汤戈和王振家,2002)。

表 7.1 防霉抗菌剂的应用和制品

应用	制品
纤维	睡衣、内衣、浴巾、毛巾、绷带、消毒棉、防护服、窗帘等
家电	冰箱、空调、洗衣机、洗碗机、微波炉、空气清洁器等
建材	涂料、密封胶、壁纸、窗帘、玻璃、瓷砖、地板、人造大理石等
生活用品	牙刷、纸巾、口罩、鞋垫、抗菌喷雾、剃须刀、隐形眼镜用具等
厨房用品	砧板、刀具、洗菜刷、清洁海绵、食品托盘、饭盒、垃圾桶等
卫浴产品	浴缸、坐便器、洗手盆、水龙头、卫生陶瓷、净水器等
汽车	方向盘、变速器手柄、手刹器、触屏、旋钮、汽车内饰等
文具	文具盒、铅笔、圆珠笔、签字笔、纸张、橡皮等
玩具	布艺玩具、塑料玩具、纸质拼图、音乐盒等

7.3 国内外研究现状

7.3.1 国外研究现状

20 世纪 80 年代初期,国际上开始探索研究防霉抗菌剂和防霉抗菌材料,并深入研究其制备方法。以日本为代表的发达国家对于防霉抗菌材料的研究开始得最早也最为深入。日本的木质材料防霉抗菌技术研发在全球开始最早、工艺最先进、技术最成熟,欧美等发达国家和地区起步要稍微晚几年,且大多以有机防霉抗菌剂为主。当前,添加防霉抗菌剂进行化学防护处理是赋予人造板防霉抗菌功能的重要方法之一(Yang et al.,2007)。例如,曾有人研究了甲壳素、亚麻油、部分木材抽提物、木质素的防霉抗菌性能,并探讨了这些防霉抗菌剂用于处理木质材料的可能性，但由于这些生物防霉剂的抗菌效果不理想且成本较高，目前还未能商业化（Schultz and Nicholas，2002）。Baileys 等（2003）曾用碘代丙炔基氨基甲酸丁酯、戊唑醇、丙环唑等对杨木大片刨花进行处理，赋予了板材防霉抗菌的新功能。Fogel 和 Lloyd（2002）经研究发现在板材制备过程中，通过施加硼酸盐可以提高板材的防霉性能。利用 ZnO 改性木粉制备的木塑复合材料能显著提高抗菌性能，可作为学校、医院等公共场所的防霉抗菌室内装饰材料。采用水热法、溶胶-凝胶法等方式将 ZnO 的前驱体引入木材内部，原位生成 ZnO 制备的木基复合材料也具有良好的防霉抗菌效果。天然抗菌剂壳聚糖因其物理、化学性能及生物相容性都很好，且含量丰富、杀菌快等优点，受到很多研究学者的关注，但研究表明其耐热性能差，极大地限制了其在人造板制造中的应用（Wang and Hu，2010）。

7.3.2　国内研究现状

我国现代开始研究防霉抗菌剂和防霉抗菌材料的起步较晚，目前的研究领域主要局限在防霉抗菌剂和抗菌塑料等，应用领域较窄，主要局限于抗菌涂料、抗菌塑料制品和部分家电制品等。近几年，我国人造板平均产量已经达到 2.6 亿 m^3，其中纤维板产量为 5033 万 m^3，同比增长 12.55%；木家具产量为 2.16 亿件，家具出口居世界第一位，事实证明，目前我国是世界人造板生产的第一大国，是家具制造的中心。但是，我国功能型人造板的研究及产量还比较落后，且品种也很少，家具生产制造所需的防霉抗菌型人造板还远不能满足市场需求，目前主要依靠进口国外的功能型板材。例如，北京世纪百强家具有限责任公司主要是进口德国生产的阻燃、防霉刨花板；青岛海尔厨房设施有限公司则需进口澳大利亚和日本生产的防霉抗菌贴面刨花板和中密度纤维板，以完成具备防霉抗菌功能橱柜的制造。

正因为我国缺乏防霉抗菌型中密度纤维板，且其需求量还在不断增加，所以激励了部分高校及研究所的科研人员对防霉抗菌型中密度纤维板进行探索研究。但由于研究局限较多，几乎没有应用到实际生产中。人造板产品的防腐处理方式主要包含三大类，分别是使用防腐剂对原料进行预处理、在生产过程中施加防腐剂和用防腐剂对成品进行后处理（Smith and Wu，2005）。对人造板进行防霉抗菌处理也主要参照以上三种方式。例如，王国超等（2000）采用六种水溶性防霉剂对中密度纤维板成品进行处理，通过浸渍法获得防霉抗菌的功能，其研究结果证实防霉Ⅰ型和Ⅱ型防霉剂的防霉效力较好；王保华等（2014）曾在研究中指出，通过浸泡的方法，用三种不同的防霉抗菌剂处理中密度纤维板成品，所得的中密度纤维板对黑曲霉菌和大肠埃希菌的生长繁殖有较好的抑制效果，但处理过后的板材力学性能较差；付超等（2015）也曾采用三种抗菌剂并稀释不同的倍数，对中密度纤维板进行喷洒和刷涂处理制得抗菌中密度纤维板，但此方式大大降低了中密度纤维板的物理力学性能。通过前人的研究，不难看出，后处理这种处理方式对板材的物理力学性能有不利影响，且在实际生产中会相对麻烦。也有很多研究者用预处理及中处理的方式制备防霉抗菌人造板，并取得一定的成果。例如，龙玲等（2006）在研究中得出，将 1%的锐钛矿型纳米 TiO_2 浆料添加到三聚氰胺甲醛树脂胶黏剂中，通过浸渍和热压法制备抗菌饰面人造板，所得板材抑菌效果显著；林峻峰（2005）也曾将四种防霉抗菌剂分别与脲醛胶按一定比例混合均匀，并将混合好的胶黏剂施加到纤维上，以提高中密度纤维板的防霉抗菌能力；沈哲红等（2010）在其研究中表明，用竹醋液复配制剂浸泡木纤维，然后再经烘干、拌胶、压板等工序制得的防霉抗菌中密度纤维板对黑曲霉、绿色木霉和橘青霉都有良好的防治效果。通过对比可知，防霉抗菌预处理和中处理所得板材的综合性能要优于后处理制得的板材。

7.3.3 防霉中密度纤维板发展趋势

（1）广谱长效：利用广谱长效型防霉剂制备的防霉中密度纤维板可以抑制多种霉菌、细菌的生长繁殖，且抑制效果长久，有利于延长中密度纤维板使用寿命，节约木材资源。

（2）无毒、环保：无毒、环保是当今材料发展的大趋势，无毒环保型防霉中密度纤维板对人体和环境无毒害作用。

（3）无机纳米型：利用无机纳米型防霉剂制备防霉中密度纤维板，防霉剂的尺度进入纳米量级以后，便会拥有特有的表面效应、量子尺寸效应、宏观量子隧道效应等，其性能会发生质的飞跃，可进一步提高防霉中密度纤维板的性能。

（4）复合型：材料的复合可达到功能的结合，通过施加阻燃剂、防水剂等使防霉中密度纤维板功能多样化，可提高板材的使用性能及应用领域。

7.4 研究目的及意义

在高温高湿的条件下，木质材料极易遭受微生物侵害而发生腐朽霉变等。有研究表明，在不良环境下，大多数木霉菌相比于木腐菌的抵抗能力更强，木霉菌的耐药性也更强，有的木霉菌还能耐高温，在适宜的条件下甚至可以引起木材软腐。在我国南方等高温高湿地区及厨房、卫生间等潮湿的场所，中密度纤维板长期受潮极易感染霉菌，随之而来的就是大大影响了其使用性能，造成严重的经济损失和资源浪费。同时，还会污染居住环境，给人类健康带来威胁。研究表明，当空气中的霉菌孢子达到一定浓度时，会引发室内居住者或工作者产生过敏、哮喘等症状以及其他呼吸系统疾病。本研究通过实验筛选出几种可应用于中密度纤维板制备的防霉剂，并压制防霉中密度纤维板，通过防霉实验等确定各防霉剂的最佳添加比例，使防霉中密度纤维板达到最佳的防霉效果和较好的物理力学性能。

近年来，人类对人造板材料的附加功能要求也越来越多。防霉抗菌型木质材料亟待研发，公共场所使用的木质复合材料要求具有良好的阻燃、防霉和抗菌性能，应用于办公、教学、商场、医院、幼儿园及私人空间等场所的家具也需要抗菌处理。2003 年春天爆发的非典和近年来频发的禽流感引起了社会的极度恐慌，人们对防霉抗菌材料的需求随之增加。然而，目前国内对具备防霉抗菌功能的中密度纤维板研究较少，大多数仍处于实验室研究阶段，国内已生产的大多数防霉抗菌中密度纤维板多采用传统的防霉抗菌剂，对环境及人畜健康有一定的威胁，无法应用于防霉抗菌性能要求较高的领域，更无法满足现代科技发展的特殊需求，并且存在废弃后无法回收处理等问题。

因此，研究开发环保型防霉抗菌中密度纤维板是极其必要的，对像我国这种人造板生产大国具有重大的现实意义。防霉抗菌中密度纤维板的研发不仅可以满足社会发展需求和人们的使用需求，而且其对延长中密度纤维板的使用寿命、保护生态环境、促进人工林低质木材的高效利用、节约资源，也具有重要的现实意义。此外，传统木材科学与其他先进学科的交叉和外延具有重要的研究价值和科学探索意义。

7.5　研究内容及技术路线

7.5.1　研究内容

本研究对几种防霉剂进行筛选，将其加入三聚氰胺改性脲醛树脂胶黏剂中，并压制防霉中密度纤维板，研究各防霉剂对胶黏剂和中密度纤维板性能的影响。主要研究内容如下：

（1）防霉剂的筛选。采用单因素试验，计算不同防霉剂及其添加比例对黑曲霉和绿色木霉的生长抑制率，筛选出三种防霉性能较好的防霉剂。

（2）防霉剂及其添加比例对三聚氰胺改性脲醛树脂胶黏剂性能的影响研究。研究各防霉剂及其添加比例对胶黏剂外观、黏度、pH、固化时间、结晶结构、降解特性等的影响。

（3）防霉中密度纤维板的制备及物理力学性能的研究。以桉木为主的杂木纤维和按不同比例添加不同防霉剂的三聚氰胺改性脲醛树脂胶黏剂为主要原料，采用工厂中成熟的中密度纤维板热压工艺，压制防霉中密度纤维板。研究各防霉剂及其添加比例对防霉中密度纤维板静曲强度、弹性模量、内结合强度和 24 h 吸水厚度膨胀率的影响。

（4）防霉中密度纤维板的防霉性能研究。根据国家标准，分别计算添加不同防霉剂的中密度纤维板对黑曲霉和绿色木霉的防治效力，分析得出防治效力最佳的防霉剂及添加比例。

7.5.2　技术路线

实验技术路线如图 7.2 所示。

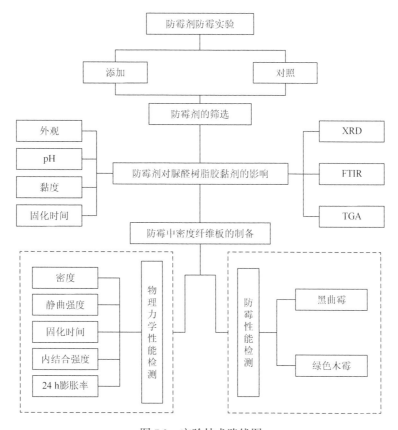

图 7.2　实验技术路线图

参 考 文 献

薄丽丽，2008. 银系纳米抗菌材料的制备与抗菌性能的研究[D]. 兰州：西北师范大学.

陈杰，2012. 银系抗菌 ABS 塑料的制备及性能研究[D]. 合肥：合肥工业大学.

杜海慧，孙芳利，蒋身学，2013. 慈竹重组材防霉性能的研究[J]. 浙江农林大学学报，30（1）：95-99.

方桂珍，任世学，2002. 铜-季铵盐复配木材防腐剂的防腐性能[J]. 林产化学与工业，（1）：71-73.

付超，张显权，王保华，2015. 中密度纤维板抗菌处理方法及抗菌效果[J]. 东北林业大学学报，43（4）：108-112.

顾学斌，2011. 抗菌防霉技术手册[M]. 北京：化学工业出版社.

贺天姝，2011. 纳米 TiO_2 抗菌材料及抗菌涂料的研究[D]. 沈阳：沈阳建筑大学.

胡迪，2011. 竹重组材户外地板的防霉处理及其性能研究[D]. 南京：南京林业大学.

贾翀，2013. 环保型抗菌实木复合地板的研究[D]. 南京：南京林业大学.

金宗哲，2004. 无机抗菌材料及应用[M]. 北京：化学工业出版社.

李伟，2013. 防霉无醛胶合板制造工艺研究[D]. 南京：南京林业大学.

李雨爽，储德淼，刘影，等，2016. 壳聚糖金属配合物/氮磷阻燃剂处理杨木的防霉阻燃性能[J]. 化工新型材料，44（11）：246-248.

林峻峰，2005. 防霉中密度纤维板的研制[J]. 林产工业，（4）：20-25.

刘添娥，王喜明，王雅梅，2014. 木材防霉和防蓝变的研究现状及发展趋势[J]. 木材加工机械，25（6）：65-68.

刘文静，2015. 载银木材液化物活性碳纤维的结构和性能[D]. 北京：北京林业大学.

龙玲，万祥龙，王金林，2006. 抗菌型饰面人造板的研究[J]. 林业科学，42（12）：114-119.

马登峰，彭兵，柴立元，等，2006. 载银纳米二氧化钛抗菌粉体的制备工艺研究[J]. 精细化工中间体，（1）：63-66.

沈哲红，王品维，鲍滨福，等，2010. 无机物与竹醋液复配制剂对中密度纤维板防霉和燃烧性的影响[J]. 东北林业大学学报，38（8）：87-90.

汤戈，王振家，2002. 无机抗菌材料的发展和应用[J]. 材料科学与工程，（2）：298-301.

佟会，邱树毅，2006. 季铵盐类抗菌剂及其应用研究进展[J]. 贵州化工，（5）：1-7.

王保华，张显权，付超，等，2014. 中密度纤维板抗菌处理工艺[J]. 东北林业大学学报，42（8）：95-98.

王高伟，2012. 橡胶木防霉防变色改性处理的研究[D]. 南京：南京林业大学.

王国超，陈杏龙，金光亚，2000. 中密度纤维板的防霉研究[J]. 林产工业，（1）：24-26.

王华，梁成浩，2004. 抗菌金属材料的研究进展[J]. 腐蚀科学与防护技术，（2）：96-100.

王静，2012. 抗菌防霉功能建筑材料标准化工作进展[A]//全国卫生产业企业管理协会抗菌产业分会.第八届中国抗菌产业发展大会论文集[C]. 北京：全国卫生产业企业管理协会抗菌产业分会：120-123.

王志娟，2005. 木材变色菌的生物学特性及其防治[D]. 南京：中国林业科学研究院.

伍敏杨，魏运方，1998. 日本塑料与纤维用抗菌防霉剂的现状及发展趋势[J]. 精细石油化工，（6）：14-19.

许民，李凤竹，王佳贺，等，2014. CuO-ZnO 纳米复合防腐剂对杨木抑菌性能的影响[J]. 西南林业大学学报，34（1）：87-92.

张立德，牟季美，1994. 纳米材料学[M]. 沈阳：辽宁科学技术出版社.

张玉林，冯辉，马维新，2002. 纳米多功能外墙涂料的研制[J]. 新型建筑材料，（3）：18-21.

郑皓，徐少俊，杨晓霞，等，2011. 抗菌防霉剂的研究进展及其在纺织品中的应用[J]. 纺织学报，32（11）：153-162.

Baileys J K，Marks B M，Ross A S，et al，2003. Providing moisture and fungal protection to wood-based composites [J]. Forest Products Society，53（1）：76-81.

Chen X，Schluesener H J，2008. Nanosilver：A nanoproduct in medical application[J]. Toxicology Letters，176（1）：1-12.

Eley B M，1999. Periodontology：Antibacterial agents in the control of supragingival plaque：A review[J]. British Dental Journal，186（6）：286-296.

Eller F J，Clausen C A，Green F，et al，2010. Critical fluid extraction of *Juniperus virginiana* L. and bioactivity of extracts against subterranean termites and wood-rot fungi[J]. Industrial Crops & Products，32（3）：481-485.

Fogel J L，Lloyd J D，2002. Mold performance of some construction products with and without borates[J]. Forest Products Journal，52（2）：38-43.

Gadd G M，1993. Tansley review No.47. Interactions of fungi with toxic metals[J]. New Phytologist，124（1）：25-60.

Gao L，Gan W，Xiao S，et al，2016. A robust superhydrophobic antibacterial Ag-TiO$_2$，composite film immobilized on wood substrate for photodegradation of phenol under visible-light illumination[J]. Ceramics International，42（2）：2170-2179.

Hall H J，Gertjejansen R O，Schmidt E L，et al，1984. Preservative treatment effects on mechanical and thickness swelling properties of aspen waferboard[J]. Forest Products Journal，32（11）：19-26.

Humar M，Peek R D，Jermer J，2006. Regulations in the European Union with emphasis on Germany，Sweden，and Slovenia[J]. Environmental Impact of Preservation-Treated Wood，6495：37-57.

Kanazawa A，Ikeda T，Endo T，1994. Synthesis and antimicrobial activity of dimethyl-and trimethyl-substituted phosphonium salts with alkyl chains of various lengths[J]. Antimicrobial Agents & Chemotherapy，38（38）：945-952.

Kartal S N，Iii F G，Clausen C A，2009. Do the unique properties of nanometals affect leachability or efficacy against fungi and termites[J]. International Biodeterioration & Biodegradation，63（4）：490-495.

Kilic A，Niemz P，2012. Extractives in some tropical woods[J]. European Journal of Wood and Wood Products，70（1-3）：79-83.

Krause C，Englert N，1980. Health evaluation of PCP（pentachlorophenol）containing wood preservatives in rooms[J]. Holz als Roh-und Werkstoff，38（11）：429-432.

Lebow S，2004. Alternatives to chromated copper arsenate（CCA）for residential construction[A]// Proceedings of Environmental Impacts of Preservativc Treated Wood Conference，618.

Liu P，Lin H，Fu X，et al，1999. Preparation of the doped TiO$_2$ film photocatalyst and its bactericidal mechanism[J]. Journal of Antimicrobial Chemotherapy，18（4）：513.

Mills A，Davies R H，Worsley D，1993. Water purification by semiconductor photocatalysis[J]. Chemical Society Reviews，25（12）：417-425.

Mmbaga M T，Mrema F A，Mackasmiel L，et al，2016. Effect of bacteria isolates in powdery mildew control in flowering dogwoods（*Cornus florida* L.）[J]. Crop Protection，89：51-57.

Nelson K，Deng Y，2008. Effect of polycrystalline structure of TiO$_2$，particles on the light scattering efficiency[J]. Journal of Colloid & Interface Science，319（1）：130.

Paramasivam I，Macak J M，Schmuki P，2008. Photocatalytic activity of TiO$_2$，nanotube layers loaded with Ag and Au nanoparticles[J]. Electrochemistry Communications，10（1）：71-75.

Schultz T P，Nicholas D D，2002. Development of environmentally-benign wood preservatives based on the combination of organic biocides with antioxidants and metal chelators[J]. Phytochemistry，61（5）：555-560.

Sen S，Tascioglu C，Tırak K，2009. Fixation，leachability，and decay resistance of wood treated with some commercial extracts and wood preservative salts[J]. International Biodeterioration & Biodegradation，63（2）：135-141.

Smith W R，Wu Q L，2005. Durability improvement for structural wood composites through chemical treatments：Current state of the art [J]. Forest Products Journal，55（2）：8-17.

Tuor U，Winterhalter K，Fiechter A，1995. Enzymes of white-rot fungi involved in lignin degradation and ecological determinants for wood decay[J]. Journal of Biotechnology，41（1）：1-17.

Wang Z K，Hu Q L，2010. Chitosan rods reinforced by *N*-carboxyl propionyl chitosan sodium[J]. Acta Physico-Chimica Sinica，26（7）：2053-2056（4）.

Wataru T，Katsuhiko K，1993. Filter paper for air filter and its production：JPH0579361B2[P].

Yang D Q，Wan H，Wang X M，et al，2007. Use of fungal metabolites to protect wood-based panels against mould infection[J]. BioControl，52（3）：427-436.

Yu Y，Jiang Z，Wang G，et al，2012. Surface functionalization of bamboo with nanostructured ZnO[J]. Wood Science and Technology，46（4）：781-790.

第8章 防霉剂筛选及其对脲醛树脂胶黏剂
性能的影响

  木质材料作为一种天然生物质材料,由于其自身构造与营养成分,极易遭受微生物的侵害而发生霉变、腐朽,从而影响其自身的装饰效果,降低其使用价值,造成严重的资源浪费与经济损失(黄浪等,2011)。因此,木质材料防霉防腐研究愈发受到人们的重视。目前,木质材料的防霉防腐主要依赖于传统的有机木材防腐剂,如煤杂酚油、五氯酚类和铬化砷酸铜(CCA)等(席丽霞,2014;Schultz et al.,2007;Freeman et al.,2003)。传统的木材防霉剂防霉防腐效果显著,但大多在使用过程中会造成污染,如当前使用量最大的铬化砷酸铜,就存在重金属离子污染问题,严重危害环境及人畜健康,在很多欧美国家和日本已经完全禁止使用(Evans,2003;Preston,2000)。因此,在保证防霉剂防霉性能优良的基础上,是否具有低毒、环保、稳定性能也成为选用防霉剂的重要标准。

  防霉性是评价防霉剂质量的重要指标之一。快速离体检测防霉剂防霉性能的方法很多,如抑菌圈法、抑制率计算法和琼脂稀释法等。因操作便捷、实验周期短且实验效果直观等优点,本章采用抑制率计算法与琼脂稀释法相结合的方法对防霉剂的防霉性能进行检测。主要是通过测量含药平板的菌落直径计算防霉剂对霉菌的抑制率,筛选出几种防霉效果优良的防霉剂,并初步确定各防霉剂的添加比例范围。

  脲醛树脂胶黏剂是一种热固性高分子胶黏剂,其固化反应是使脲醛树脂胶黏剂获得胶合强度的关键过程。脲醛树脂胶黏剂因具有制备工艺相对简单、原材料价格低廉、胶结强度高等优点,应用领域极其广泛,尤其在胶合板、刨花板、中密度纤维板等人造板材的生产及室内装修等行业中应用较多。近年来,人们越来越重视环保,对居室空间的空气质量要求也愈加严格,低甲醛释放量和具有防霉抗菌功能的脲醛树脂胶黏剂愈发受到人们的青睐。然而尿素与甲醛比例的变化及改性剂的加入等操作,均可能改变胶黏剂的固化历程、固化前的化学结构及固化特性等(刘宇等,2006),从而降低胶黏剂的胶合强度。

  本章主要介绍初步筛选出的防霉剂按不同的比例分别添加到脲醛树脂胶黏剂中,依据木材胶黏剂的检测方法,研究各防霉剂及其添加比例对脲醛树脂胶黏剂理化性能的影响。

8.1　材料与方法

8.1.1　实验材料与试剂

（1）实验试剂的主要成分和规格见表 8.1；防霉剂结构及性能见表 8.2。

表 8.1　实验试剂的规格

试剂名称	主要成分	规格
硅藻纳米复合光触媒	硅藻土、纳米 TiO_2	—
水杨酰苯胺	$C_{26}H_{22}N_2O_4$	AR
多菌灵	$C_9H_9N_3O_2$	AR
对枯基苯酚	$C_{15}H_{16}O$	AR
SR-A-103	羟基吡啶硫酮锌	≥95%
MKT104	载 Ag 微粒	≥95%
葡萄糖	$C_6H_{12}O_6$	AR
琼脂粉	—	AR
氯化铵	NH_4Cl	AR

表 8.2　防霉剂结构及性能

试剂名称	分子结构式	毒性
硅藻纳米复合光触媒	—	低毒、安全、无二次污染，可杀菌抑菌、吸附甲醛，净化空气
水杨酰苯胺		俗称防霉胺，属于低毒化合物，对大白鼠急性经口 LD_{50} 为 1100 mg/kg，稳定性好，能较好地抑制一般的霉菌和细菌
多菌灵		属微毒化合物，安全性相当高，对大鼠急性经口 LD_{50} 大于 5000 mg/kg
对枯基苯酚		按规定量使用毒性极小，无刺激气味，对霉菌有良好的抑杀作用，可用于木材的杀菌、防霉
SR-A-103	—	对酵母菌、霉菌等有很好的抑杀作用，低气味，不含砷，具有高效、环保、低毒、广谱的优良特性

试剂名称	分子结构式	毒性
MKT104	Ag^+	无刺激性，安全性高，小鼠单次口服 5000 mg/kg，未出现死亡和不良反应，洗涤与温水浸泡后还有出色的抗菌表现，耐热温度超过 500℃

（2）供试菌种：黑曲霉（*Aspergillus niger* var. *niger Tiegh.* 菌株编号 cfcc 82449）、绿色木霉（*Trichoderma viride* Pers. 菌株编号 cfcc 85491），购于中国林业微生物菌种保藏管理中心。

（3）其他材料与试剂：三聚氰胺改性脲醛树脂胶黏剂（E0 级，广西丰林人造板有限公司制备，固含量 54%，黏度 45 MPa·s，固化时间 100 s 左右）、蒸馏水、75%乙醇等。

8.1.2　仪器设备

（1）主要实验仪器与设备的规格如表 8.3 所示。

表 8.3　主要实验仪器与设备的规格

实验仪器	型号	精度
电子分析天平	JJ224BC	0.0001
不锈钢蒸汽消毒器	GMSX-280	—
霉菌培养箱	MJP-150	—
万用实验电炉	—	—
超净工作台	VS-G-1A	—
旋转黏度计	NDJ-5S	—
实验室 pH 计	PHSJ-4H	0.1
X 射线衍射仪	Bruker D8	—
傅里叶变换红外光谱仪	Nicolet Avatar 330	—
热重分析仪	Shimadzu TGA-50H	—
真空干燥箱	DZF6000	—
恒温数显水浴锅	HH-8	—
恒温磁力搅拌器	78HW-1	—
数显游标卡尺	—	0.01

（2）其他实验仪器：陶瓷研钵、酒精灯、一次性无菌培养皿若干（直径 90 mm）、

移液枪、移液针、一次性无菌针筒、接种环、打孔器、棉花塞、纱布、锡纸和玻璃棒、不同规格烧杯、500 mL 锥形瓶、1000 mL 量筒等玻璃器皿。

8.1.3　实验方法

1. 供试菌种的活化

1）马铃薯葡萄糖琼脂培养基的制备

洗净去皮马铃薯切成小块，称取 200 g 置入烧杯中，加入 1000 mL 蒸馏水，加热至沸腾，煮沸 30 min，将纱布折叠三层进行过滤，称取 20 g 葡萄糖加入滤液中，搅拌至完全溶解，缓缓加入 20～25 g 琼脂并不断搅拌，补水至 1000 mL，再继续加热至琼脂完全溶解。制备马铃薯培养基备用。

2）消毒灭菌

提前 1 h，用 75%的乙醇擦拭超净工作台内部，将一次性平板培养皿、接种环、打孔器、酒精灯、封口膜等置于超净工作台中，并打开紫外灯消毒灭菌。同时，将制备好的马铃薯葡萄糖琼脂培养基分装在 3 个 500 mL 的锥形瓶中，瓶口塞棉花塞，并包裹封口膜和牛皮纸后置于不锈钢蒸汽消毒器中。在温度 121℃、压力 0.1 MPa 的条件下，灭菌 30 min。至蒸汽消毒器内气压降为 0 MPa 后，打开蒸汽消毒器取出锥形瓶，并迅速将其置于超净工作台中。

3）平板培养基的制备

待马铃薯葡萄糖琼脂培养基冷却至 50～60℃时，用 75%的乙醇擦拭双手并晾干，点燃酒精灯。轻轻摇晃锥形瓶，打开牛皮纸及封口膜。右手持锥形瓶，使瓶口迅速掠过酒精灯外焰，左手托培养皿，顺势打开一条稍大于锥形瓶瓶口的缝隙，将瓶中培养基 10～20 mL 迅速倒入培养皿内，左手立即盖上皿盖并摇匀。待平板培养基冷却凝固后，将平板培养皿倒置于超净工作台中。以上操作均在距离酒精灯 3～5 cm 附近操作。

4）霉菌接种

右手将接种环的金属丝直立于酒精灯外焰处灼烧至红透，然后使接种环稍稍倾斜，继续灼烧金属杆。左手持试管斜面底部，试管口置于外焰的无菌区，右手取下试管塞。再次将接种环灼烧至红透，晾凉后将其伸入试管内部，轻轻取一环菌丝，勿划破培养基，取出，勿触碰管壁。灼烧试管塞一圈，塞于试管口。左手取无菌平板一个，打开皿盖，使开口小于 30°，将接种环上的菌种接种在平板培养皿中央后，迅速关闭皿盖，用封口膜封闭培养皿。每个供试菌种接种 3 个培养皿。

5）霉菌培养

将接种完毕的平板培养皿取出，迅速倒置于霉菌培养箱中（温度 25℃、相对湿度 85%），培养 7 d 至菌落成熟，备用。

2. 防霉剂的筛选

1）马铃薯葡萄糖琼脂培养基的制备

方法同 1.1）。

2）消毒灭菌

方法同 2.2）。

3）配制防霉剂溶液

分别称取定量的防霉剂及无菌蒸馏水，将水杨酰苯胺（salicylanilide）与多菌灵（badistan）按 1∶1 的比例混合均匀，配制成不同浓度的无菌溶液；将日本引进的复配型防霉抗菌剂 SR-A-103 和 MKT104 按 1∶1 的比例混合均匀，配制成不同浓度的无菌溶液；分别称取适量的对枯基苯酚，配制成不同浓度的无菌溶液，配制的各防霉剂溶液浓度如表 8.4 所示，并以不添加防霉剂的无菌蒸馏水作为空白对照；将各防霉剂溶液用恒温磁力搅拌器在 20℃ 的条件下分别搅拌 5 min，使防霉剂溶液分散均匀。用无菌蒸馏水将硅藻纳米复合光触媒活性炭稀释 2 倍、4 倍、6 倍，搅拌均匀。将溶液迅速移至超净工作台中，将移液枪、移液针和数只一次性无菌针筒一并放入，继续消毒灭菌。

表 8.4　防霉剂溶液浓度

防霉剂种类	空白	SR-A-103 与 MKT104			水杨酰苯胺与多菌灵			对枯基苯酚		
编号	K	R1	R2	R3	SB1	SB2	SB3	D1	D2	D3
浓度/%	—	0.1	0.5	0.8	1	3	5	0.5	1.5	2.5

4）含药平板的制备

取一只 1 mL 移液针与移液枪连接，吸取配制好的 1 mL 防霉剂溶液，用一次性无菌针头吸取 9 mL 马铃薯葡萄糖琼脂培养基，注入一次性平板培养皿中并摇匀，制成含药平板，并以加等量无菌蒸馏水的平板培养基为空白对照，每种防霉剂溶液的每个添加比例做三个平行实验。待含药平板冷却凝固（5～10 min）后，倒置平板培养皿。以上操作均在距离酒精灯火焰 3～5 cm 附近操作。

5）防霉实验

将直径为 6 mm 的打孔器直立于酒精灯外焰处灼烧，晾至不烫手时，沿活化后的供试菌种菌落边缘打取菌饼，并迅速接种到含药平板中央。每个平板培养皿接一个菌饼，菌丝面朝上。将接种后的平板培养皿置于温度 25℃、相对湿度 85% 的霉菌培养箱中。当空白对照组菌丝长到培养皿边缘时，采用十字交叉法，用数显游标卡尺测量各含药平板中菌落的直径，计算各防霉剂对供试菌种生长的抑制率，抑制率按式（8.1）计算。筛选出三种对供试菌种生长抑制率高的防霉剂进行后续实验。

$$抑制率 = [(D_{对照组} - D_{实验组}) / (D_{对照组} - 6)] \times 100\% \tag{8.1}$$

式中，$D_{对照组}$为对照组菌饼的平均直径（mm）；$D_{实验组}$为实验组菌饼的平均直径（mm）。

3. 脲醛树脂胶黏剂性能检测

1）胶黏剂样品的配制

分别称取定量的脲醛树脂胶黏剂及适量的水杨酰苯胺与多菌灵复配型防霉剂、日本引进的复配型防霉抗菌剂及对枯基苯酚，将防霉剂混于脲醛树脂胶黏剂中，并用恒温磁力搅拌器在 20℃的条件下分别搅拌 5 min，使防霉剂在胶黏剂中均匀分散。防霉剂添加量如表 8.5 所示。

表 8.5　防霉剂添加量

防霉剂种类	编号	添加比例/%	胶黏剂/g	添加量/g
空白	K	—	200	—
SR-A-103 与 MKT104	R1	0.1	200	0.2
	R2	0.4	200	0.8
	R3	0.7	200	1.4
	R4	1	200	2
水杨酰苯胺与多菌灵	SB1	1	200	2
	SB2	2.5	200	5
	SB3	4	200	8
	SB4	5.5	200	11
对枯基苯酚	D1	1	200	2
	D2	1.5	200	3
	D3	2	200	4
	D4	2.5	200	5

2）胶黏剂外观测定

依据中华人民共和国国家标准 GB/T 14074—2017《木材工业用胶黏剂及其树脂检验方法》，观察并记录各胶黏剂样品的颜色、透明度、分层、机械杂质、浮游凝聚物等外观性能。

3）胶黏剂黏度测定

采用 NDJ-5S 旋转黏度计，选择合适的转子与转速，依据中华人民共和国国家标准 GB/T 14074—2017《木材工业用胶黏剂及其树脂检验方法》，测定各胶黏剂样品的黏度。

4）胶黏剂 pH 测定

通过 pH 测定仪表与 pH 玻璃电极相连接的方法测定各胶黏剂样品的 pH。

5）胶黏剂固化时间测定

依据中华人民共和国国家标准 GB/T 14074—2017《木材工业用胶黏剂及其树脂检验方法》，测定各胶黏剂样品的固化时间。

6）X 射线衍射测试

采用德国 BrukerD8 ADVANCE 型 XRD 衍射仪在常温下测试固化后的脲醛树脂胶黏剂的结晶性能。将添加不同防霉剂的脲醛树脂胶黏剂混合均匀后置于 120℃±2℃的真空干燥箱中 2 h 使其完全固化，并以不添加防霉剂的空白胶黏剂作为对照。固化后的胶黏剂用陶瓷研钵研磨成粉末。X 射线源为铜靶，波长 1.5405 Å，扫描范围 5°～70°，扫描速度 2°/min，步长为 0.2°。

7）傅里叶变换红外光谱测试

各防霉剂与液体胶黏剂混合均匀，磁力搅拌 10 min 后置于 120℃±2℃的真空干燥箱中 2 h 使其完全固化，并以不添加防霉剂的空白胶黏剂作为对照。固化后的胶黏剂用陶瓷研钵研磨成粉末。置于 Nicolet 6700 FTIR 光谱仪中进行测试。

8）热重测试

各防霉剂与液体胶黏剂混合均匀，磁力搅拌 10 min 后置于 120℃±2℃的真空干燥箱中 2 h 使其完全固化，并以不添加防霉剂的空白胶黏剂作为对照。固化后的胶黏剂用陶瓷研钵研磨成粉末。用热重分析仪进行热重（TG）分析，升温速率 10℃/min，氮气（N_2）气氛。

8.2　结果与讨论

8.2.1　防霉剂对黑曲霉生长的影响

由表 8.6 可以看出，不同防霉剂种类及添加比例对黑曲霉生长的抑制率明显不同。硅藻纳米复合光触媒对黑曲霉生长有一定的抑制效果，且随稀释倍数增加而降低，其抑制率明显低于其他三种防霉剂对黑曲霉生长的抑制率。其他三种防霉剂对黑曲霉生长的抑制效果显著，最高抑制率均能达到 99.5%以上，而不同防霉剂达到其最好的防霉效果，添加比例差异较大，如 R3 仅需添加 0.8%的 SR-A-103 和 MKT104 复配型防霉抗菌剂，对黑曲霉生长的抑制率就可达 99.6%，其抑菌机理主要是通过在潮湿条件下，缓慢释放少量的 Ag^+，Ag^+进入细胞内部，与细胞酶反应并化合，抑制了细胞酶的活性和繁殖再生能力，达到灭菌的目的，抑菌机理如图 8.1 所示。D3 需添加 2.5%的对枯基苯酚才能达到与之相似的抑制效果，而SB3 要达到相似的抑制效果，水杨酰苯胺与多菌灵复配型防霉剂添加比例则高达5%。各防霉剂对黑曲霉的抑制情况如图 8.2 所示。

表 8.6　防霉剂对黑曲霉生长的影响

防霉剂种类	编号	添加比例/%	菌落直径/mm	抑制率/%
空白	K	—	90	0
SR-A-103 与 MKT104	R1	0.1	8.11	97.5
	R2	0.5	7.05	98.8
	R3	0.8	6.36	99.6
水杨酰苯胺与多菌灵	SB1	1	8.42	97.1
	SB2	3	7.17	98.6
	SB3	5	6.29	99.7
对枯基苯酚	D1	0.5	8.23	97.3
	D2	1.5	6.94	98.9
	D3	2.5	6.12	99.9
硅藻纳米复合光触媒	GT1	2	25.41	76.9
	GT2	4	38.79	61.0
	GT3	6	54.25	42.6

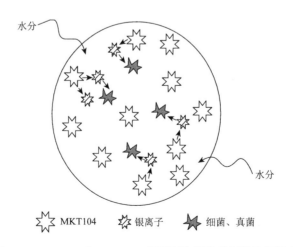

水分

✩ MKT104　✩ 银离子　✦ 细菌、真菌

图 8.1　SR-A-103 和 MKT104 复配型防霉抗菌剂的抑菌机理

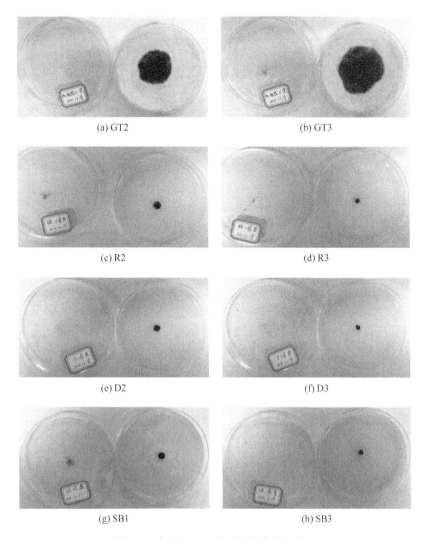

图 8.2　防霉剂对黑曲霉生长的抑制情况

8.2.2　防霉剂对绿色木霉生长的影响

由表 8.7 可以看出,不同防霉剂种类及添加比例对绿色木霉生长的抑制效果明显不同,日本引进的 SR-A-103 和 MKT104 复配型防霉剂、水杨酰苯胺与多菌灵复配型防霉剂、对枯基苯酚三种防霉剂对绿色木霉生长均有很好的抑制效果,而硅藻纳米复合光触媒对绿色木霉生长的抑制率明显低于上述三种防霉剂。实验表明硅藻纳米复合光触媒对革兰氏阳性金黄色葡萄球菌有很好的抑制效果(付超等,2015),但对霉菌的抑制效果远不如对细菌的抑制效果。

表 8.7　防霉剂对绿色木霉生长的影响

防霉剂种类	编号	添加比例/%	菌落直径/mm	抑制率/%
空白	K	—	90	0
SR-A-103 与 MKT104	R1	0.1	8.26	97.3
	R2	0.5	7.14	98.6
	R3	0.8	6.51	99.4
水杨酰苯胺与多菌灵	SB1	1	8.33	97.2
	SB2	3	7.09	98.7
	SB3	5	6.25	99.7
对枯基苯酚	D1	0.5	8.17	97.4
	D2	1.5	6.93	98.9
	D3	2.5	6.15	99.8
硅藻纳米复合光触媒	GT1	2	23.07	79.7
	GT2	4	35.81	64.5
	GT3	6	49.97	47.7

由图 8.3 可以看出，各防霉剂对绿色木霉生长的抑制效果与对黑曲霉生长的抑制效果几乎一致，且均达到了很好的抑制效果。

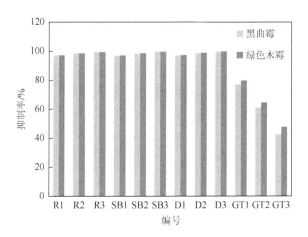

图 8.3　防霉剂对霉菌生长的抑制效果

8.2.3　防霉剂对胶黏剂外观的影响

由表 8.8 可以看出，防霉剂种类及添加比例对脲醛树脂胶黏剂的外观几乎无影响，均未产生浮游物、杂质、分层等现象，仅有 SB3 和 SB4 使胶黏剂轻微变黄，SB4 稍有悬浮物。这可能是由于各防霉剂的添加量很小，并且防霉剂未与胶黏剂发生化学反应。防霉剂的添加对胶黏剂外观的影响如图 8.4 所示，无明显差别。

表 8.8　防霉剂对胶黏剂外观的影响

防霉剂种类	编号	添加比例/%	颜色	悬浮物	杂质	分层
空白	K	—	乳白	无	无	无
SR-A-103 与 MKT104	R1	0.1	乳白	无	无	无
	R2	0.4	乳白	无	无	无
	R3	0.7	乳白	无	无	无
	R4	1	乳白	无	无	无
水杨酰苯胺与多菌灵	SB1	1	乳白	无	无	无
	SB2	2.5	乳白	无	无	无
	SB3	4	微黄	无	无	无
	SB4	5.5	微黄	轻微	无	无
对枯基苯酚	D1	1	乳白	无	无	无
	D2	1.5	乳白	无	无	无
	D3	2	乳白	无	无	无
	D4	2.5	乳白	无	无	无

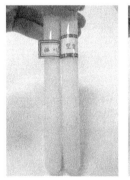
(a) R1

(b) R2

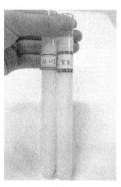
(c) R3

(d) R4

(e) SB1

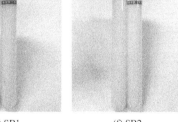
(f) SB2

(g) SB3

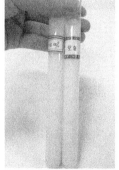
(h) SB4

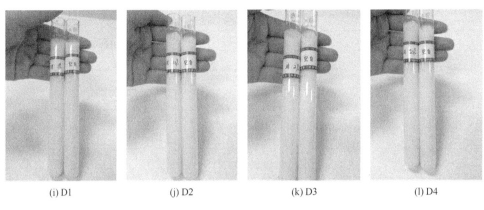

    (i) D1   (j) D2   (k) D3   (l) D4

图 8.4　防霉剂对胶黏剂外观的影响情况

8.2.4　防霉剂对胶黏剂黏度的影响

由表 8.9 可以看出，各防霉剂的添加对脲醛树脂胶黏剂黏度的影响很小。随着 SR-A-103 和 MKT104 复配型防霉剂添加比例的增加，脲醛树脂胶黏剂的黏度从 45 MPa·s 逐渐增加至 51 MPa·s，这可能是由于胶黏剂中加入固体粉末颗粒，使其固含量稍有增大，进而导致黏度增加；同样，随着对枯基苯酚添加比例的增加，脲醛树脂胶黏剂的黏度从 51 MPa·s 逐渐增加至 57 MPa·s；随着水杨酰苯胺与多菌灵复配型防霉剂添加比例的增加，脲醛树脂胶黏剂的黏度从 50 MPa·s 逐渐增加至 58 MPa·s，这与脲醛树脂胶黏剂黏度由于多菌灵（防霉剂 MA）添加量的增加而降低的结论不符（金菊婉等，2010），经分析，是因为金菊婉的研究中选用的是水溶性极好的多菌灵液体防霉剂，而本研究选用的是多菌灵粉末状防霉剂，因此导致实验结果有一定出入，但其对防霉中密度纤维板的制备并无不良影响。

表 8.9　防霉剂对胶黏剂黏度的影响

防霉剂种类	空白	SR-A-103 与 MKT104				水杨酰苯胺与多菌灵				对枯基苯酚			
编号	K	R1	R2	R3	R4	SB1	SB2	SB3	SB4	D1	D2	D3	D4
添加比例/%	—	0.1	0.4	0.7	1	1	2.5	4	5.5	1	1.5	2	2.5
黏度/(MPa·s)	45	45	47	50	51	50	53	55	58	51	53	54	57

8.2.5　防霉剂对胶黏剂 pH 的影响

由表 8.10 可以看出，空白脲醛树脂胶黏剂试样的 pH 为 7.4，添加 SR-A-103 和 MKT104 复配型防霉剂后，胶黏剂的 pH 范围为 7.4～7.5，表明其添加比例对胶黏剂的 pH 基本无影响；而添加水杨酰苯胺与多菌灵复配型防霉剂和对枯基苯酚后，胶黏剂的 pH 随添加比例的增加而降低，其 pH 范围为 6.9～7.3，表明这两种防霉剂的添加促使脲醛树脂胶黏剂的 pH 降低，但变化极其微小，可以不考虑防霉剂的加入对脲醛树脂胶黏剂试用期的影响，也无需增加固化剂的用量以保证胶黏剂的良好固化。

表 8.10　防霉剂对胶黏剂 pH 的影响

防霉剂种类	空白	SR-A-103 与 MKT104				水杨酰苯胺与多菌灵				对枯基苯酚			
编号	K	R1	R2	R3	R4	SB1	SB2	SB3	SB4	D1	D2	D3	D4
添加比例/%	—	0.1	0.4	0.7	1	1	2.5	4	5.5	1	1.5	2	2.5
pH	7.4	7.4	7.4	7.4	7.5	7.2	7.1	7.0	6.9	7.3	7.1	7.0	6.9

8.2.6　防霉剂对胶黏剂固化时间的影响

空白脲醛树脂胶黏剂试样的固化时间为 98 s，而添加三种防霉剂后，对各脲醛树脂胶黏剂试样的固化时间几乎无影响，固化时间变化范围在 1～14 s 之间。一是脲醛树脂胶黏剂的固化时间测试条件与热压机中热压固化的环境条件不同，二是与总的热压时间相比，上述防霉剂促使胶黏剂固化时间的变化相对较小，故在中密度纤维板的压制中可不考虑防霉剂的影响。

8.2.7　防霉剂对胶黏剂结晶结构的影响

未添加防霉剂的空白脲醛树脂胶黏剂与添加不同防霉剂的脲醛树脂胶黏剂 X 射线衍射图谱如图 8.5 所示。由图 8.5 可以看出，各防霉剂的添加对脲醛树脂胶黏

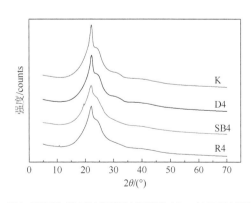

图 8.5　添加不同防霉剂的脲醛树脂胶黏剂 X 射线衍射图样

剂特征衍射峰没有产生影响，没有新的特征峰产生，峰位置也未发生偏移，这说明防霉剂的添加没有改变脲醛树脂胶黏剂自身的结晶类型。然而，防霉剂的添加对脲醛树脂胶黏剂衍射峰强度稍有影响，2θ 角位于 22.1°的衍射峰略有变低，该变化是由于防霉剂的添加产生了无定形区域，说明防霉剂与脲醛树脂胶黏剂相容性良好。

8.2.8　防霉剂对胶黏剂化学结构的影响

添加各防霉剂的脲醛树脂胶黏剂试样固化后的 FTIR 图如图 8.6 所示。脲醛树脂胶黏剂是一种分子量分布较广的低聚物，并且固化后成分也较为复杂。如图 8.6 所示，位于 3400～3200 cm^{-1} 区间的宽峰属于脲醛树脂胶黏剂中游离的以及结合的—OH、—NH—的伸缩振动。分别出现在 1651 cm^{-1} 和 1554 cm^{-1} 处的为酰胺Ⅰ、Ⅱ特征峰。与 K 号空白脲醛树脂胶黏剂试样相比，添加了 SR-A-103 和 MKT104 复配型防霉剂的胶黏剂（R4）和添加了水杨酰苯胺与多菌灵复配型防霉剂的胶黏剂（SB4）的图谱中，归属于—OH 伸缩振动的 3384 cm^{-1} 处的吸收峰向较大波数的方向移动，该现象的原因可能是引入防霉剂后，氢键的数目有所增多。而添加了对枯基苯酚的脲醛树脂胶黏剂（D4）的图谱中，归属于—OH 伸缩振动的吸收峰出现了较小程度的向较低波数方向移动，发生这种现象的原因可能是胶黏剂的活性基团与对枯基苯酚形成了氢键。位于 1651 cm^{-1}、1554 cm^{-1} 处的酰胺Ⅰ、Ⅱ特征峰均出现了较小程度的向低波数方向移动，可能是由于胶黏剂中的活性基团与防霉剂中的 C=O、—OH 等基团形成了氢键。由于各防霉剂的添加比例很低，在图

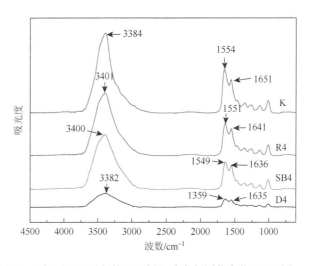

图 8.6　添加不同防霉剂的脲醛树脂胶黏剂固化产物 FTIR 图

谱中未出现新的特征吸收峰，表明防霉剂的添加对脲醛树脂胶黏剂的结构没有影响，胶黏剂与各防霉剂之间没有发生化学反应，它们之间主要还是一种来自于氢键的物理作用。

8.2.9 防霉剂对胶黏剂降解特性的影响

添加不同防霉剂的脲醛树脂胶黏剂及不添加防霉剂的空白脲醛树脂胶黏剂试样的 TG 和 DTG 曲线如图 8.7 所示。脲醛树脂胶黏剂在 600℃ 范围内的降解可分为五个阶段。第一个阶段为 120℃ 以前，存在一个约为 60℃ 的最快降解峰，该阶段由水分挥发引起（Park et al.，2016）。第二个阶段为 120～250℃，具有一个约为 245℃ 的最快降解峰，该阶段为小分子降解阶段。第三个阶段为 250～290℃，具有一个约为 270℃ 的最快降解峰，该阶段为脲醛树脂结晶结构降解阶段。第四个阶段为 290～450℃，具有一个约为 310℃ 的最快降解峰，该阶段为脲醛树脂交联结构降解阶段。第五个阶段为 450～600℃，该阶段为碳骨架降解阶段。各防霉剂添加比例较低，自身降解可忽略不计。由图 8.7 可以看出，添加各防霉剂后的脲醛树脂胶黏剂的降解曲线与未添加防霉剂的空白脲醛树脂胶黏剂（K）的降解曲线几乎重叠，表明各防霉剂的添加并没有改变脲醛树脂胶黏剂的降解过程，对胶黏剂的热稳定性几乎无影响。

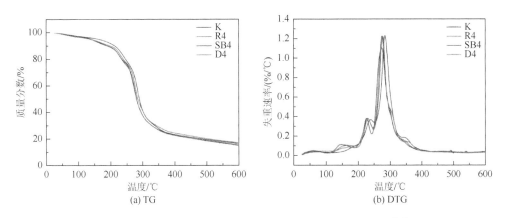

图 8.7 添加不同防霉剂的脲醛树脂胶黏剂的 TG 和 DTG 曲线

8.3 本 章 小 结

（1）防霉剂种类及添加比例对黑曲霉和绿色木霉生长的抑制率影响都很大，硅藻纳米复合光触媒对黑曲霉和绿色木霉生长均有一定的抑制效果，但效果不佳；

日本引进的 SR-A-103 与 MKT104 复配型防霉剂、水杨酰苯胺与多菌灵复配型防霉剂和对枯基苯酚对黑曲霉和绿色木霉的生长均有很好的抑制效果，其最高抑制率均能达到 99.4% 以上。因此，初步确定以 SR-A-103 与 MKT104 复配型防霉剂、水杨酰苯胺与多菌灵复配型防霉剂和对枯基苯酚作为本研究的三种防霉剂。

（2）实验中防霉剂种类及添加比例对脲醛树脂胶黏剂的外观无影响，添加防霉剂后，胶黏剂的 pH 略有降低，黏度和固化时间稍有增加。通过 XRD、FTIR 及 TG 测试分析，防霉剂的添加对脲醛树脂胶黏剂的结晶结构、降解特性无影响，且防霉剂未与脲醛树脂胶黏剂发生化学反应，可用于防霉中密度纤维板的压制。

参 考 文 献

付超，张显权，王保华，2015. 中密度纤维板抗菌处理方法及抗菌效果[J]. 东北林业大学学报，43（4）：108-112.

黄浪，王佳贺，袁海威，等，2011. 新型木材纳米防腐剂的抑菌性研究[J]. 林业科技，36（6）：26-29.

金菊婉，丁鑫，董诗文，2010. 多菌灵和咪鲜胺用于杨木定向刨花板的防霉研究[J]. 林产工业，37（4）：19-23.

刘宇，高振华，顾继友，2006. 低甲醛释放脲醛树脂的固化剂体系及其固化特性[J]. 中国胶黏剂，（10）：42-47.

席丽霞，2014. 三唑类木材防腐剂的制备及其性能研究[D]. 北京：中国林业科学研究院.

Evans P, 2003. Emerging technologies in wood protection [J]. Forest Products Journal, 53（1）：14-22.

Freeman M H, Shupe T F, Vlosky R P, et al, 2003. Past, present, and future of the wood preservation industry: Wood is a renewable natural resource that typically is preservative treated to ensure structural integrity in many exterior applications [J]. Forest Products Journal, 53 （10）：8-15.

Park B D, Ayrilmis N, Jin H K, et al, 2016. Effect of microfibrillated cellulose addition on thermal properties of three grades of urea-formaldehyde resins[J]. International Journal of Adhesion & Adhesives, 72：75-79.

Preston A F, 2000. Wood preservation: Trends of today that will influence the industry tomorrow[J]. Forest Products Journal, 50 （9）：12-19.

Schultz T P, Nicholas D D, Preston A F, 2007. A brief review of the past, present and future of wood preservation[J]. Pest Management Science, 63 （8）：784-788.

第9章 防霉中密度纤维板的制备及物理力学性能研究

随着可用天然林优质木材资源的日益紧缺，人工速生林木材功能性改良技术的发展与运用，特别是将木材与其他先进学科相交叉融合，制备高附加值、多功能的木质复合材料，已成为木材加工领域日益受到重视的高新技术之一（李永峰，2012）。而中密度纤维板作为三大人造板材之一，广泛应用于家具制造、室内装饰、车船制造及音乐器材制造等领域，是我国家具制造产业中需求量最大的板材之一（Nourbakhsh et al.，2010）。近年来，由于细菌、病菌等微生物传播而造成的流行性疾病越来越多，人们对防霉抗菌功能的需求愈发强烈，因此赋予中密度纤维板防霉抗菌功能十分必要。

制备防霉抗菌型中密度纤维板主要有三大方式：一是在中密度纤维板生产阶段前期进行防霉处理，主要是将未施胶的纤维浸泡于防霉抗菌剂的溶液中，然后对浸泡后的纤维进行干燥、施胶等工序完成防霉中密度纤维板的压制；二是在中密度纤维板生产阶段中期进行防霉处理，主要是通过将防霉剂与胶黏剂混合，然后直接进行施胶压制成板材，也可以通过将防霉剂溶液喷洒在板坯上再压制板材；三是在中密度纤维板成型后进行防霉处理，主要是通过对成型中密度纤维板进行防霉剂溶液的浸泡、喷涂、刷涂等处理。在生产阶段前期进行防霉处理增加了板材制备的工艺步骤，延长了制备时间且增加了制备成本；而对成型中密度纤维板进行浸泡、刷涂等防霉处理，增加了处理过后的干燥工序，且容易降低板材的物理力学性能；相比于前期及后期防霉处理，在中密度纤维板生产阶段中期进行防霉处理操作简单，成本最低，且对板材的物理力学性能影响较小。静曲强度、弹性模量、内结合强度及24 h吸水厚度膨胀率是衡量中密度纤维板力学性能的重要指标。

本研究采用在生产阶段中期对中密度纤维板进行防霉处理的方法，以广西丰林人造板有限公司成熟的中密度纤维板热压工艺为基础，热压工艺参数为常量，防霉剂的种类及添加比例为变量，进行防霉中密度纤维板制备，并依据国家标准GB/T 17657—2013《人造板及饰面人造板理化性能试验方法》，对防霉剂种类及其添加比例对中密度纤维板物理力学性能的影响进行研究。

9.1　材料与方法

9.1.1　实验材料与试剂

（1）实验试剂的主要成分和规格，见表 9.1。

（2）三聚氰胺改性脲醛树脂胶黏剂，同 8.1.1 小节。

（3）木纤维，以桉木为主的杂木纤维。

（4）其他材料与试剂：热熔胶等。

表 9.1　实验试剂的规格

试剂名称	主要成分	规格
水杨酰苯胺	$C_{26}H_{22}N_2O_4$	AR
多菌灵	$C_9H_9N_3O_2$	AR
对枯基苯酚	$C_{15}H_{16}O$	AR
SR-A-103	羟基吡啶硫酮锌	≥95%
MKT104	载 Ag 微粒	≥95%

9.1.2　仪器设备

（1）实验仪器规格如表 9.2 所示。

表 9.2　实验仪器规格

实验仪器	型号	精度
电子分析天平	JJ224BC	0.0001
电子秤	ACS-D51	0.2
万能试验压机	180T	—
恒温磁力搅拌器	78HW-1	—
精密裁板锯	SMJ6130TYA	—
宽带砂光机	BSG1300	—
人造板万能力学试验机	MWW-10E	—
低温恒温槽	THD-0515	—
数显千分尺	IP65	0.0001
鼓风吹水干燥机	—	—
小型搅拌施胶机	—	—
小型预压成型箱（360 mm×360 mm）	—	—

（2）其他实验仪器与设备：镊子、刮刀、电加热炉等。

9.1.3　实验方法

1. 防霉中密度纤维板制备

分别称取干纤维 1100 g，三聚氰胺改性脲醛树脂胶黏剂 290 g（直接取自生产线，内含固化剂与防水剂），按一定比例称取三种防霉剂与胶黏剂混合，见表 9.3。并用恒温磁力搅拌器在 20℃的条件下分别搅拌 5 min，使防霉剂均匀分散在胶黏剂中。利用气泵及喷枪将混合好的胶黏剂喷入干纤维中，在自制小型搅拌施胶机内进行搅拌施胶，然后将鼓风吹水干燥机与小型搅拌施胶机相连，对施过胶的湿纤维干燥 8 min，再将干燥后的施过胶的纤维均匀铺装在小型预压成型箱中，预压成型后，将板坯放入万能试验压机，进行防霉中密度纤维板的压制，并以不添加任何防霉剂的中密度纤维板作为空白对照。

表 9.3　防霉剂添加量

防霉剂种类	编号	添加比例/%	干纤维/g	胶黏剂/g	添加量/g
空白	K	—	1100	290	—
SR-A-103 与 MKT104	R1	0.1	1100	290	0.29
	R2	0.4	1100	290	1.16
	R3	0.7	1100	290	2.03
	R4	1	1100	290	2.9
水杨酰苯胺与多菌灵	SB1	1	1100	290	2.9
	SB2	2.5	1100	290	7.25
	SB3	4	1100	290	11.6
	SB4	5.5	1100	290	15.95
对枯基苯酚	D1	1	1100	290	2.9
	D2	1.5	1100	290	4.35
	D3	2	1100	290	5.8
	D4	2.5	1100	290	7.25

中密度纤维板的热压工艺参数为 $P_{末}=2.2$ MPa、$T_{末}=200℃$、$t_{末}=300$ s，热压工艺曲线如图 9.1 所示，压制成密度约为 760 kg/m^3、厚度为 12 mm 的样板。制备过程及板材如图 9.2 所示。

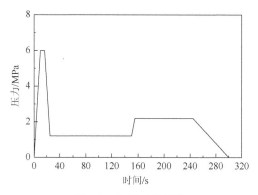

图 9.1　热压工艺曲线

(a) 喷胶 　　　　　　(b) 纤维干燥

(c) 施胶干燥后纤维 　　　(d) 组坯

(e) 热压 　　　　　　(f) 成品

图 9.2　中密度纤维板制备过程

2. 防霉中密度纤维板物理力学性能检测

1）力学性能检测试件的制备

在自然条件下将制备好的中密度纤维板冷却放置 24 h，进行裁边、定厚砂光处理，锯切成两种规格的小试件备用，裁板图如图 9.3 所示。规格 1：50 mm×50 mm×10 mm，用于测定中密度纤维板的密度、内结合强度和 24 h 吸水厚度膨胀率（以下简称 24 h 膨胀率）；规格 2：250 mm×50 mm×10 mm，用于测定其静曲强度和弹性模量。

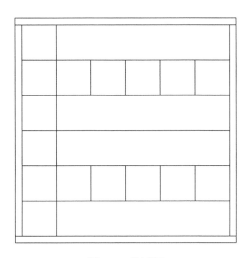

图 9.3　裁板图

2）物理力学性能测试

中密度纤维板物理力学性能测试主要依据国家标准 GB/T 17657—2013《人造板及饰面人造板理化性能试验方法》。通过万能力学试验机检测防霉中密度纤维板的静曲强度、弹性模量和内结合强度；采用低温恒温槽对防霉中密度纤维板的 24 h 膨胀率进行检测；并用游标卡尺、千分尺和电子分析天平等对防霉中密度纤维板的密度进行测量计算，分析防霉剂种类及添加比例对防霉中密度纤维板物理力学性能的影响。9～12 mm 厚中密度纤维板各物理力学性能质量标准见表 9.4。

表 9.4　9～12 mm 厚室内、室外型中密度纤维板物理力学性能指标

性能	静曲强度/MPa	弹性模量/MPa	内结合强度/MPa			24 h 膨胀率/%
			优等品	一等品	合格品	
室内型	22	2500	0.60	0.55	0.50	12
室外型	32	2800	0.8			10

9.2　结果与讨论

9.2.1　防霉剂对中密度纤维板密度的影响

由表 9.5 可以看出，防霉剂种类及添加比例对中密度纤维板的密度无显著影响，不添加防霉剂的空白中密度纤维板密度为 0.76 g/cm³，添加防霉剂后的防霉中密度纤维板的密度在 0.75～0.77 g/cm³ 之间，此密度变化应是由板坯铺装预压过程中纤维分布不均匀造成的。

表 9.5　防霉剂对中密度纤维板密度的影响

防霉剂种类	编号	添加比例/%	密度/(g/cm³)
空白	K	—	0.76
SR-A-103 与 MKT104	R1	0.1	0.76
	R2	0.4	0.75
	R3	0.7	0.76
	R4	1	0.77
水杨酰苯胺与多菌灵	SB1	1	0.76
	SB2	2.5	0.75
	SB3	4	0.75
	SB4	5.5	0.77
对枯基苯酚	D1	1	0.76
	D2	1.5	0.75
	D3	2	0.76
	D4	2.5	0.76

9.2.2　防霉剂对中密度纤维板静曲强度的影响

由表 9.6 可以看出，防霉剂的种类及添加比例对中密度纤维板的静曲强度有一定的影响，但与 GB/T 11718—2009《中密度纤维板》室内、室外型中密度纤维板的物理力学性能指标对照可知：添加这三种防霉剂后的防霉中密度纤维板静曲强度均能达到室内型中密度纤维板的质量要求；除 SR-A-103 与 MKT104 复配型的防霉剂添加比例为 1% 的中密度纤维板、水杨酰苯胺与多菌灵复配型防霉剂添加比例为 1% 的中密度纤维板外，其余的防霉中密度纤维板的静曲强度均能达到室外型中密度纤维板的质量要求。

表 9.6　防霉剂对中密度纤维板静曲强度的影响

防霉剂种类	编号	添加比例/%	静曲强度/MPa
空白	K	—	36.9
SR-A-103 与 MKT104	R1	0.1	35.4
	R2	0.4	35.2
	R3	0.7	32.5
	R4	1	31.2
水杨酰苯胺与多菌灵	SB1	1	28.2
	SB2	2.5	36.7
	SB3	4	44.2
	SB4	5.5	38.4
对枯基苯酚	D1	1	32.6
	D2	1.5	33.3
	D3	2	39.7
	D4	2.5	39.3

由图 9.4 可以看出，SR-A-103 与 MKT104 复配型的防霉剂的添加使中密度纤维板的静曲强度稍有降低，且随着添加比例的增加呈逐渐递减的趋势；水杨酰苯胺与多菌灵复配型防霉剂添加比例在 1%～4%之间时，中密度纤维板的静曲强度呈显著上升趋势，而添加比例在 4%～5.5%之间时又明显下降，添加比例为 4%时静曲强度达到最大值 44.2 MPa，但添加比例为 4%和 5.5%时其静曲强度均高于不添加防霉剂的空白中密度纤维板的静曲强度；对枯基苯酚的添加比例在 1%～2%

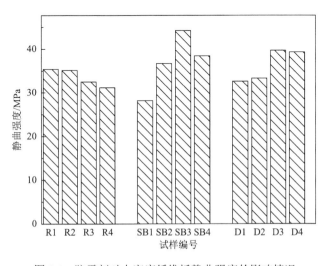

图 9.4　防霉剂对中密度纤维板静曲强度的影响情况

之间，中密度纤维板的静曲强度呈上升趋势，但添加比例增加至 2.5% 时，其静曲强度稍有降低，但依旧高于不添加防霉剂的空白中密度纤维板的静曲强度。

9.2.3 防霉剂对中密度纤维板弹性模量的影响

由表 9.7 可知，添加各防霉剂后，中密度纤维板的弹性模量变化范围为 2981～3403 MPa，其变化与不添加防霉剂的空白中密度纤维板的弹性模量相差不大，且与 GB/T 11718—2009 中的物理力学性能指标对照可知：添加这三种防霉剂后的防霉中密度纤维板弹性模量均能达到室外型中密度纤维板的质量标准。

表 9.7 防霉剂对中密度纤维板弹性模量的影响

防霉剂种类	编号	添加比例/%	弹性模量/MPa
空白	K	—	3096
SR-A-103 与 MKT104	R1	0.1	3086
	R2	0.4	3142
	R3	0.7	2994
	R4	1	3117
水杨酰苯胺与多菌灵	SB1	1	3108
	SB2	2.5	3211
	SB3	4	3403
	SB4	5.5	3285
对枯基苯酚	D1	1	2981
	D2	1.5	3025
	D3	2	3229
	D4	2.5	3112

由图 9.5 可以看出，添加 SR-A-103 与 MKT104 复配型的防霉剂后，中密度纤维板的弹性模量变化不大，且没有明显的变化规律。水杨酰苯胺与多菌灵复配型防霉剂的添加比例在 1%～4% 之间，中密度纤维板的弹性模量呈显著上升趋势，而添加比例在 4%～5.5% 之间时又明显下降，添加比例为 4% 时静曲强度达到最大值 3403 MPa，但总体来看，水杨酰苯胺与多菌灵复配型防霉剂的添加增强了中密度纤维板的弹性模量。对枯基苯酚的添加比例在 1%～2% 之间时，中密度纤维板的弹性模量呈显著上升趋势，但添加比例增加至 2.5% 时，其静曲强度稍有降低，添加比例为 2% 时，中密度纤维板的弹性模量达到顶峰，且添加比例为 2% 和 2.5% 时，其弹性模量均高于不添加防霉剂的空白中密度纤维板的弹性模量。

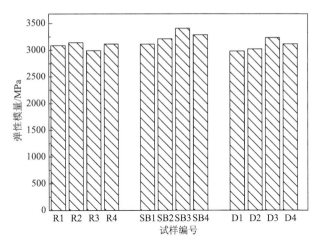

图 9.5 防霉剂对中密度纤维板弹性模量的影响情况

9.2.4 防霉剂对中密度纤维板内结合强度的影响

由表 9.8 可以看出,添加各防霉剂后,中密度纤维板的内结合强度变化范围在 0.63~0.84 MPa 之间,与不添加防霉剂的空白中密度纤维板的内结合强度相差不大,且与 GB/T 11718—2009 中室内型中密度纤维板的物理力学性能指标对照可知:添加这三种防霉剂后中密度纤维板的内结合强度均能达到室内型中密度纤维板的质量标准。

表 9.8 防霉剂对中密度纤维板内结合强度的影响

防霉剂种类	编号	添加比例/%	内结合强度/MPa
空白	K	—	0.77
SR-A-103 与 MKT104	R1	0.1	0.77
	R2	0.4	0.78
	R3	0.7	0.74
	R4	1	0.76
水杨酰苯胺与多菌灵	SB1	1	0.63
	SB2	2.5	0.72
	SB3	4	0.81
	SB4	5.5	0.77
对枯基苯酚	D1	1	0.69
	D2	1.5	0.74
	D3	2	0.81
	D4	2.5	0.84

由图 9.6 可知，SR-A-103 与 MKT104 复配型的防霉剂的添加对中密度纤维板的内结合强度影响变化不大，且无明显规律。水杨酰苯胺与多菌灵复配型防霉剂的添加比例在 1%～4%之间时，中密度纤维板的内结合强度呈显著上升趋势，且达到峰值 0.81 MPa，而添加比例在 4%～5.5%之间时，又明显下降，但添加比例为 4%和 5.5%时，其内结合强度均不低于空白中密度纤维板的内结合强度。防霉中密度纤维板的内结合强度随着对枯基苯酚添加比例的增加而增加，且添加比例为 2%和 2.5%时，其内结合强度均高于空白中密度纤维板的内结合强度。

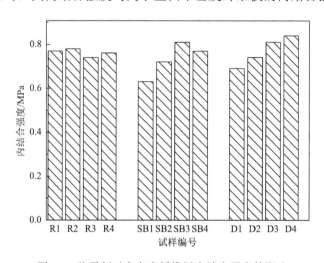

图 9.6 防霉剂对中密度纤维板内结合强度的影响

9.2.5 防霉剂对中密度纤维板 24 h 膨胀率的影响

由表 9.9 可以看出，不添加防霉剂空白中密度纤维板的 24 h 膨胀率为 10.5%，添加各防霉剂后，防霉中密度纤维板的 24 h 膨胀率变化范围为 9.1%～11.9%，与不添加防霉剂的空白中密度纤维板相比差别不大。与 GB/T 11718—2009 室内型中密度纤维板的物理力学性能质量指标对照可知：添加各防霉剂的中密度纤维板 24 h 膨胀率均可达到室内型中密度纤维板的质量标准。而添加 2%和 2.5%对枯基苯酚的防霉中密度纤维板，其 24 h 膨胀率可达到室外型中密度纤维板的质量标准。

表 9.9 防霉剂对中密度纤维板 24 h 膨胀率的影响

防霉剂种类	编号	添加比例/%	24 h 膨胀率/%
空白	K	—	10.5
SR-A-103 与 MKT104	R1	0.1	10.4
	R2	0.4	10.8

续表

防霉剂种类	编号	添加比例/%	24 h 膨胀率/%
SR-A-103 与 MKT104	R3	0.7	11.1
	R4	1	11.7
水杨酰苯胺与多菌灵	SB1	1	10.7
	SB2	2.5	11.1
	SB3	4	11.5
	SB4	5.5	11.9
对枯基苯酚	D1	1	10.5
	D2	1.5	10.2
	D3	2	9.7
	D4	2.5	9.1

由图 9.7 可以看出，随着 SR-A-103 与 MKT104 复配型防霉剂和水杨酰苯胺与多菌灵复配型防霉剂添加比例的增加，中密度纤维板的 24 h 膨胀率呈逐渐上升趋势，这是由于 SR-A-103 中 Ag 的主要载体为磷酸锆，磷酸锆是一种层状无机化合物，层间为范德瓦耳斯力，层状结构稳定，且客体极易进入层间，具有一定的亲水性（耿利娜等，2004），从而使添加了 SR-A-103 与 MKT104 复配型防霉剂的中密度纤维板更容易吸收水分，进而导致 24 h 膨胀率随其添加比例的增加逐渐增加。而添加对枯基苯酚后，防霉中密度纤维板的 24 h 膨胀率随着对枯基苯酚添加比例增加而降低，这可能是由于对枯基苯酚是一种亲油性的有机化合物，具有一定的疏水性。

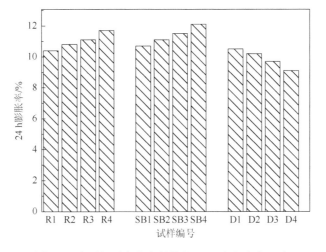

图 9.7　防霉剂对中密度纤维板 24 h 膨胀率的影响

9.3　本　章　小　结

（1）防霉剂的种类及添加比例对中密度纤维板的物理力学性能有一定的影响，但添加以上三种防霉剂后，中密度纤维板的物理力学性能均能达到室内型中密度纤维板的质量标准。

（2）SR-A-103 与 MKT104 复配型防霉剂的添加对中密度纤维板的弹性模量和内结合强度的影响无明显趋势，当添加比例为 0.1%（R1）和 0.4%（R2）时，压制的防霉中密度纤维板的静曲强度最高，且 24 h 膨胀率最小。

（3）水杨酰苯胺与多菌灵复配型防霉剂的添加比例为 4%（SB4）时，压制的防霉中密度纤维板的静曲强度、弹性模量和内结合强度均可达到最高，且 24 h 膨胀率可达室内型中密度纤维板的质量标准。

（4）对枯基苯酚的添加比例为 2%（D3）时，压制的防霉中密度纤维板的静曲强度和弹性模量均能达到最高，且可获得较高的内结合强度及较小的 24 h 膨胀率。

参 考 文 献

耿利娜，相明辉，李娜，等，2004. 层状无机化合物——磷酸锆的研究和应用进展[J]. 化学进展，（5）：717-727.

李永峰，2012. 木材-有机-无机杂化纳米复合材料研究[D]. 哈尔滨：东北林业大学.

Ashori A，Nourbakhsh A，Karegarfard A，2009. Properties of medium density fiberboard based on bagasse fibers[J]. Journal of Composite Materials，43（18）：1927-1934.

Nourbakhsh A，Ashori A，Jahanlatibari A，2010. Evaluation of the physical and mechanical properties of medium density fiberboard made from old newsprint fibers[J]. Journal of Reinforced Plastics & Composites，29（1）：5-11.

第 10 章　防霉中密度纤维板防霉性能研究

中密度纤维板的霉变主要由木霉菌引起。板材被感染后颜色会发生改变，影响产品的外观质量，严重时还会降低板材的力学性能。在我国南方等亚热带地区以及如卫生间、厨房等湿热的环境下，木霉菌极易在未经防霉处理的中密度纤维板上生长繁殖。防霉性能是评价防霉中密度纤维板性能的重要指标之一。中密度纤维板的防霉性能检测方法很多，主要包括野外试验法、湿室挂片法和培养皿法等。野外试验法是将防霉中密度纤维板试样置于南方等湿热环境中，一般温度为25～36℃，空气相对湿度为 90%～98%，放置 5 个月，观察其霉变情况；湿室挂片法主要是将培养好的混合菌种孢子悬浮液均匀喷洒在尺寸为 150 mm×150 mm的防霉中密度纤维板试样上，将试样置于一定条件的恒温恒湿箱中，放置 28 d 后对其防霉效果进行判定；培养皿法是将经灭菌处理的玻璃棒和防霉中密度纤维板试样置于培养成熟的霉菌培养皿中，再将培养皿置于培养箱中，培养 28 d 后判定其防霉效果。野外试验法试验周期长，对立地条件要求较高，且自然条件无法人为控制；湿室挂片法防霉试样较大，极易被空气中的其他微生物感染；而培养皿法可以避免这些问题，且可对不同霉菌分别进行防霉效果测定。

本研究主要依据国家标准 GB/T 18261—2013《防霉剂对木材霉菌及变色菌防治效力的试验方法》，采用培养皿法，对制备出的中密度纤维板的防霉性能进行检测，分析不同种类防霉剂及其添加量的中密度纤维板对黑曲霉和绿色木霉的防霉性能的影响，并采用扫描电子显微镜（SEM）观察试样被感染情况。

10.1　材料与方法

10.1.1　实验材料与试剂

（1）实验试剂的主要成分和规格如表 10.1 所示。

表 10.1　实验试剂的规格

试剂名称	主要成分	规格
葡萄糖	$C_6H_{12}O_6$	AR
琼脂粉	—	AR

（2）试菌：黑曲霉（*Aspergillus niger* var. *niger Tiegh.* 菌株编号 cfcc 82449）、绿色木霉（*Trichoderma viride* Pers. 菌株编号 cfcc 85491），购于中国林业微生物菌种保藏管理中心。

（3）其他材料与试剂：蒸馏水、75%乙醇、无水乙醇、马铃薯等。

10.1.2　仪器设备

（1）实验仪器规格如表 10.2 所示。

表 10.2　实验仪器规格

实验仪器	型号	精度
电子分析天平	JJ224BC	0.0001
不锈钢蒸汽消毒器	GMSX-280	—
霉菌培养箱	MJP-150	—
万用实验电炉	—	—
超净工作台	VS-G-1A	—
精密裁板锯	SMJ6130TYA	—
扫描电子显微镜	日立 S-3400NⅡ	—
小容量单层摇床	SPH-311D	—
U 形玻璃棒	—	—

（2）其他仪器设备：酒精灯、一次性无菌培养皿（直径 10 cm）、组织研磨器、玻璃珠、涂布棒、一次性无菌针筒、玻璃棒、棉花塞、纱布、封口膜、锡纸、不同规格烧杯、不同规格锥形瓶等玻璃器皿。

10.1.3　实验方法

1. 供试菌种的活化

方法同 8.1.3 小节中 1.。

2. 防霉中密度纤维板的防霉实验

1）防霉中密度纤维板防霉检测试件的制备

取经裁边、定厚砂光的防霉中密度纤维板，锯切成尺寸为 50 mm×20 mm×5 mm 的试件。每种防霉剂的每一个添加比例至少制备 6 块试件，以不添加任何防霉剂的中密度纤维板试样作为空白对照，并对所有试样逐块编号。

2）菌丝体与孢子悬浮液的制备

在无菌条件下，用无菌接种环挑取一环试菌的菌丝体及孢子（挑取时沿菌落的前缘向内连培养基一起切割），并将其放入已灭菌的组织研磨器中，倒入适量无菌水，研磨数次，待至培养基粉碎后，将菌液倒入已灭菌的装有玻璃珠的小锥形瓶内，反复操作数次后，向锥形瓶内加入少量无菌水，放在摇床上（转速 100～120 r/min），振荡 10～15 min，制成菌丝体孢子悬浮液，供接种用。

3）试菌的接种与培养

在经消毒灭菌的超净工作台上，取一支一次性无菌针筒，吸取菌丝体与孢子悬浮液，将其注入已有马铃薯葡萄糖琼脂平板培养基的培养皿内（每个培养皿内0.5 mL），并用经灭菌的涂布棒涂布均匀。接种后立即将培养皿倒置于温度为25～28℃、相对湿度为85%的霉菌培养箱中，培养 7 d 至菌落成熟，供试样接菌用。

4）试样接菌与培养

试样接菌前，用多层纱布及锡纸将同一组试样包裹好（避免水蒸气进入使试样膨胀）后放入不锈钢蒸汽消毒器中（温度 121℃，压力 0.1 MPa），灭菌 30 min。至蒸汽消毒器内气压降为 0 MPa 后，打开蒸汽消毒器取出试样，并迅速将其置于超净工作台中，待冷却后接菌。在无菌条件下，将 1 根已灭菌的 U 形玻璃棒（直径 3 mm）放在已长满菌落的平板培养基表面，再将灭菌后的试样水平放在玻璃棒上，每个培养皿内平行放置两块试样，并将培养皿用封口膜封好。接菌后，立即将培养皿放进霉菌培养箱内（保持温度 25～28℃、相对湿度 85%），培养 4 周。

5）防霉效力的计算

试样培养的过程中，每周定时观察一次，目测试样的霉变面积，并记录试样被害值，被害值按表 10.3 分级，且被害值越小其防霉效果越好。计算各防霉剂对试菌的防治效力，其中被害值取 6 块试样的平均被害值，防治效力按式（10.1）计算，防霉中密度纤维板防霉等级如表 10.4 所示。

$$E = （1-D_1/D_0）\times 100\% \qquad (10.1)$$

式中，E 为防治效力，100%；D_1 为防霉处理试样的平均被害值；D_0 为未处理空白对照试样的平均被害值。

表 10.3　试样被害值分级标准

被害值	试样霉变面积
0	试样表面无菌丝
1	试样表面感染面积＜1/4
2	试样表面感染面积 1/4～1/2
3	试样表面感染面积 1/2～3/4
4	试样表面感染面积＞3/4

表10.4 防霉中密度纤维板防霉等级

等级	试样霉变面积
0级	不长，试样表面无菌丝
1级	痕迹生长，试样表面感染面积≤10%
2级	轻微生长，试样表面感染面积10%~30%
3级	中量生长，试样表面感染面积30%~70%
4级	严重生长，试样表面感染面积>70%

3. 扫描电子显微镜观察

取上述接菌培养后对试菌防治效力最佳的试样及对照试样，切取其表面一层，进行喷金后置于扫描电子显微镜中，观察试样是否被试菌感染，进一步检测防霉中密度纤维板的防霉性能。

10.2 结果与讨论

10.2.1 防霉中密度纤维板对黑曲霉的防治效果

由表10.5可看出，未添加防霉剂的空白中密度纤维板对黑曲霉的生长几乎没有抑制效果，随着培养时间的延长，不加防霉剂的空白中密度纤维板试样的被害值逐渐增大。培养28 d结束后，空白中密度纤维板试样上几乎长满了黑曲霉；而添加了其他三种防霉剂的中密度纤维板均对黑曲霉的生长有一定的防治效力，且均可达到较好的防治效果。

表10.5 防霉中密度纤维板对黑曲霉防治效果的影响

防霉剂种类	比例/%	编号	观察天数/d							
			7		14		21		28	
			被害值	防治效力/%	被害值	防治效力/%	被害值	防治效力/%	被害值	防治效力/%
无	—	K	1.5	—	3	—	3.83	—	4	—
SR-A-103与MKT104	0.1	R1	0.17	88.7	0.83	72.3	1.50	60.8	2.17	45.8
	0.4	R2	0.00	100.0	0.50	83.3	0.83	78.3	1.33	66.8
	0.7	R3	0.00	100.0	0.00	100.0	0.00	100.0	0.17	91.8
	1	R4	0.00	100.0	0.00	100.0	0.00	100.0	0.00	100.0

续表

防霉剂 种类	比例 /%	编号	观察天数/d							
			7		14		21		28	
			被害 值	防治效力 /%	被害 值	防治效力 /%	被害 值	防治效力 /%	被害 值	防治效力 /%
水杨酰苯胺与多 菌灵	1	SB1	0.17	88.7	0.50	83.3	1.00	73.9	1.67	58.3
	2.5	SB2	0.00	100.0	0.00	100.0	0.33	91.4	0.67	83.3
	4	SB3	0.00	100.0	0.00	100.0	0.00	100.0	0.17	95.8
	5.5	SB4	0.00	100.0	0.00	100.0	0.00	100.0	0.00	100.0
对枯基苯酚	1	D1	0.17	88.7	0.50	83.3	1.33	65.3	2.00	50.0
	1.5	D2	0.00	100.0	0.17	94.3	0.67	82.5	1.00	75.0
	2	D3	0.00	100.0	0.00	100.0	0.00	100.0	0.17	95.8
	2.5	D4	0.00	100.0	0.00	100.0	0.00	100.0	0.00	100.0

　　不同防霉剂种类及添加比例的中密度纤维板对黑曲霉的防治效果，如图 10.1
所示。

(a) 空白黑曲霉　　　　　　　　(b) R1黑曲霉　　　　　　　　(c) R2黑曲霉

(d) R3黑曲霉　　　　　　　　(e) R4黑曲霉　　　　　　　　(f) SB1黑曲霉

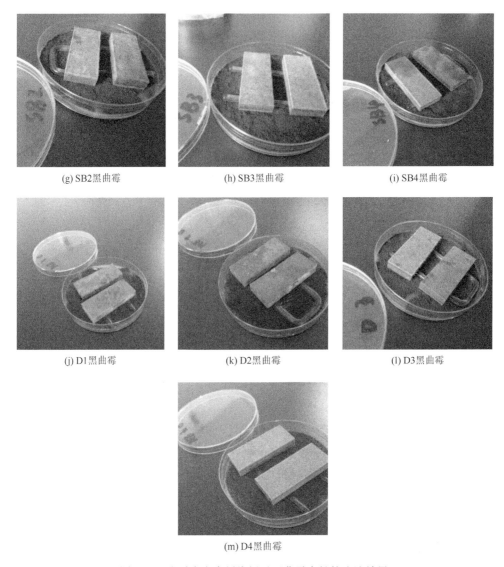

(g) SB2黑曲霉　　　　　　　　(h) SB3黑曲霉　　　　　　　　(i) SB4黑曲霉

(j) D1黑曲霉　　　　　　　　(k) D2黑曲霉　　　　　　　　(l) D3黑曲霉

(m) D4黑曲霉

图10.1　防霉中密度纤维板对黑曲霉生长的防治效果

由图10.2（a）可以看出，添加 SR-A-103 与 MKT104 复配型防霉剂的 R 型防霉中密度纤维板对黑曲霉的生长有一定的抑制作用，且对黑曲霉的防治效力随着添加比例的增加而增大。添加比例为 0.1%和 0.4%的 R 型防霉中密度纤维板对黑曲霉的防治效力随着时间的延长而降低；添加比例为 0.7%和 1%的 R 型防霉中密度纤维板对黑曲霉的防治效果显著增强，且添加比例为 1%的 R 型防霉中密度纤维板，培养 28 d 后，防霉试样均未出现发霉现象，即对黑曲霉的防治效力为 100%。

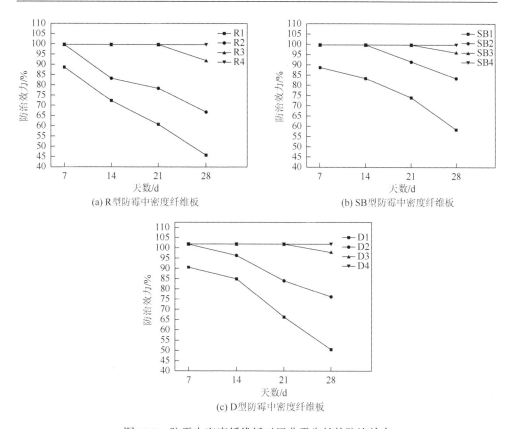

图 10.2　防霉中密度纤维板对黑曲霉生长的防治效力

由图 10.2（b）可以看出，添加水杨酰苯胺与多菌灵复配型防霉剂的 SB 型防霉中密度纤维板对黑曲霉生长的抑制效果较好，与图 10.1（a）相比可以看出，SB 型防霉中密度纤维板对黑曲霉生长的防治效力整体略高于 R 型防霉中密度纤维板。添加比例为 4%和 5.5%的 SB 型防霉中密度纤维板对黑曲霉的防治效力均可达 95%以上，且添加比例为 5.5%时，防霉中密度纤维板对黑曲霉的防治效力可达 100%。

由图 10.2（c）可以看出，添加对枯基苯酚的 D 型防霉中密度纤维板对黑曲霉生长的防治效果与 SB 型防霉中密度纤维板类似，当添加比例为 2.5%时，防霉中密度纤维板对黑曲霉的防治效力可达 100%。

10.2.2　防霉中密度纤维板对绿色木霉的防治效果

由表 10.6 可以看出，未添加防霉剂的空白中密度纤维板对绿色木霉的生长几乎没有抑制效果，随着培养时间的延长，不添加防霉剂的空白中密度纤维板试样的被害值逐渐增大。培养 28 d 结束后，空白中密度纤维板试样上几乎长满了绿色木霉；而添加了其他三种防霉剂的中密度纤维板均对绿色木霉的生长均有一定的防治效力，且防治效力随添加比例的增加而增大，均可达到很好的防治效果。

表 10.6　　防霉中密度纤维板对绿色木霉的防治情况

防霉剂种类	比例/%	编号	观察天数/d							
			7		14		21		28	
			被害值	防治效力/%	被害值	防治效力/%	被害值	防治效力/%	被害值	防治效力/%
无	—	K	1.33	—	2.67	—	3.67	—	4	—
SR-A-103 与 MKT104	0.1	R1	0.17	87.2	0.67	74.9	1.33	63.8	2.00	50.0
	0.4	R2	0.00	100.0	0.33	87.6	0.83	77.4	1.17	70.8
	0.7	R3	0.00	100.0	0.00	100.0	0.00	100.0	0.17	95.8
	1	R4	0.00	100.0	0.00	100.0	0.00	100.0	0.00	100.0
水杨酰苯胺与多菌灵	1	SB1	0.17	87.2	0.50	81.3	1.17	68.1	1.83	54.3
	2.5	SB2	0.00	100.0	0.00	100.0	0.17	95.4	0.50	87.5
	4	SB3	0.00	100.0	0.00	100.0	0.00	100.0	0.00	100.0
	5.5	SB4	0.00	100.0	0.00	100.0	0.00	100.0	0.00	100.0
对枯基苯酚	1	D1	0.33	75.2	0.83	68.9	1.67	54.5	2.17	45.8
	1.5	D2	0.00	100.0	0.33	87.6	0.50	86.4	1.33	66.8
	2	D3	0.00	100.0	0.00	100.0	0.17	95.4	0.33	91.8
	2.5	D4	0.00	100.0	0.00	100.0	0.00	100.0	0.00	100.0

　　不同防霉剂种类及添加比例的中密度纤维板对绿色木霉的防治效果，如图 10.3 所示。

(a) K绿色木霉　　　　　　　　(b) R1绿色木霉　　　　　　　　(c) R2绿色木霉

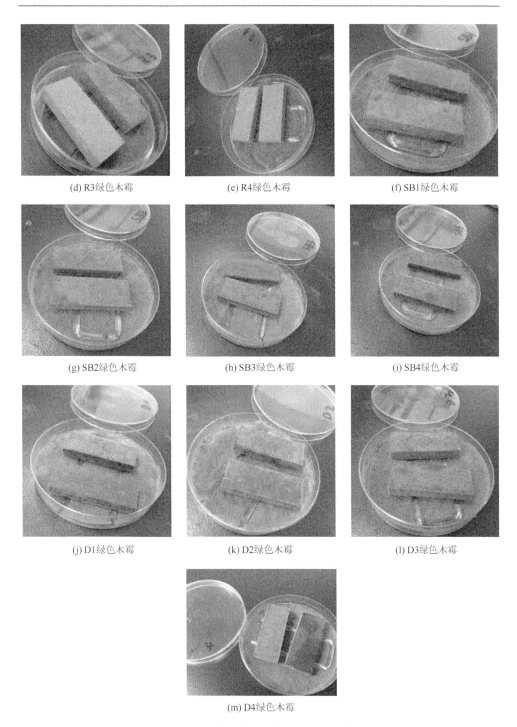

(d) R3绿色木霉　　　(e) R4绿色木霉　　　(f) SB1绿色木霉

(g) SB2绿色木霉　　　(h) SB3绿色木霉　　　(i) SB4绿色木霉

(j) D1绿色木霉　　　(k) D2绿色木霉　　　(l) D3绿色木霉

(m) D4绿色木霉

图 10.3　防霉中密度纤维板对绿色木霉生长的防治效果

由图 10.4（a）可以看出，添加 SR-A-103 与 MKT104 复配型防霉剂的 R 型防霉中密度纤维板对绿色木霉的生长有一定的抑制效果，且随着添加比例的增加，其对绿色木霉的防治效力也逐渐增加。添加比例为 0.1%和 0.4%的 R 型防霉中密度纤维板对绿色木霉的防治效力随着时间的延长明显下降；添加比例为 0.7%和 1%的 R 型防霉中密度纤维板，其对绿色木霉的防治效果显著；且当添加比例为 1%时，培养 28 d 后中密度纤维板试样未出现绿色木霉，即对绿色木霉的防治效力为 100%。

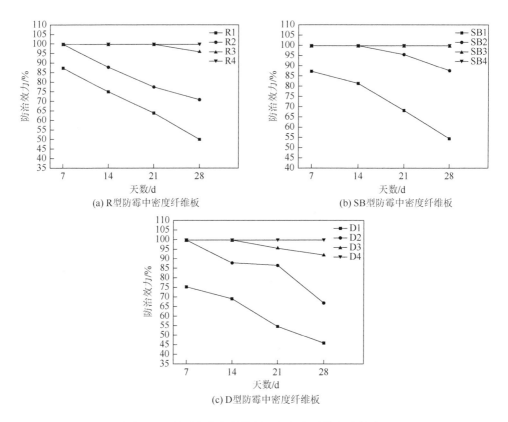

图 10.4 防霉中密度纤维板对绿色木霉的防治效力

由图 10.4（b）可以看出，添加水杨酰苯胺与多菌灵复配型防霉剂的 SB 型中密度纤维板对绿色木霉生长的抑制效果较好，与图 10.2（a）相比可以看出，SB 型防霉中密度纤维板对绿色木霉生长的防治效力整体高于 R 型防霉中密度纤维板。添加比例为 1%和 2.5%的 SB 型防霉中密度纤维板对绿色木霉的防治效力随时间的延长显著降低；添加比例为 4%和 5.5%的 SB 型防霉中密度纤维板，其对绿色木霉有很好的防治效果，防治效力均可达 100%。

由图 10.4（c）可以看出，添加对枯基苯酚的 D 型防霉中密度纤维板，对绿色木霉生长的防治效果与添加 SR-A-103 与 MKT104 复配型防霉剂 R 型防霉中密度纤维板效果类似，当添加量为 2.5%时，D 型防霉中密度纤维板对绿色木霉的防治效力可达 100%。

10.2.3 防霉中密度纤维板试样的微观构造分析

不添加防霉剂的空白中密度纤维板及其感染黑曲霉的情况如图 10.5 所示。将扫描电子显微镜的放大倍数调至 1000 倍，不添加防霉剂的空白中密度纤维板，未接黑曲霉菌的中密度纤维板试样［图 10.5（a）］纤维表面较光滑，伴有一定的胶黏剂等杂质；而接菌培养后的中密度纤维板试样［图 10.5（b）］表面、间隙及纤维内部均有黑曲霉孢子，且霉菌生长茂盛，表明不添加防霉剂的中密度纤维板对黑曲霉生长几乎没有防治效果。

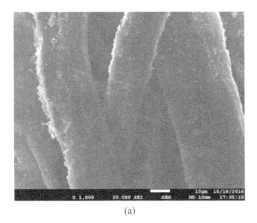

(a) (b)

图 10.5 未添加防霉剂中密度纤维板的微观构造

各中密度纤维板感染黑曲霉的情况如图 10.6 所示。将扫描电子显微镜的放大倍数调至 2000 倍，未添加防霉剂的空白中密度纤维板试样的纤维表面及孔隙长满了黑曲霉孢子，如图 10.6（a）所示；添加 1%的 SR-A-103 与 MKT104 复配型防霉剂的中密度纤维板试样（b）、添加 5.5%水杨酰苯胺与多菌灵的中密度纤维板试样（c）与添加 2.5%对枯基苯酚的中密度纤维板试样（d）的纤维表面及间隙中均未发现黑曲霉孢子，即它们对黑曲霉生长有很好的抑制作用，防治效力可达 100%。

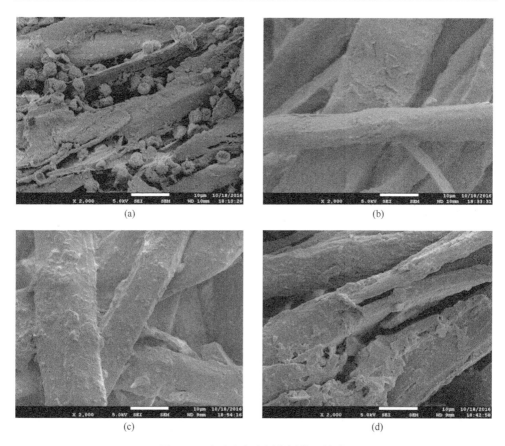

图 10.6　防霉中密度纤维板微观构造

各中密度纤维板感染绿色木霉的情况如图 10.7 所示。未添加防霉剂的空白中密度纤维板试样的纤维表面及间隙出现大量绿色木霉孢子，如图 10.7（a）所示；

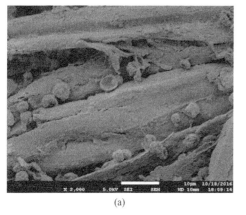
(a)

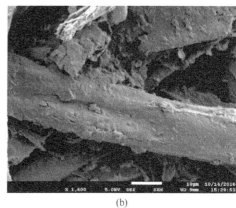
(b)

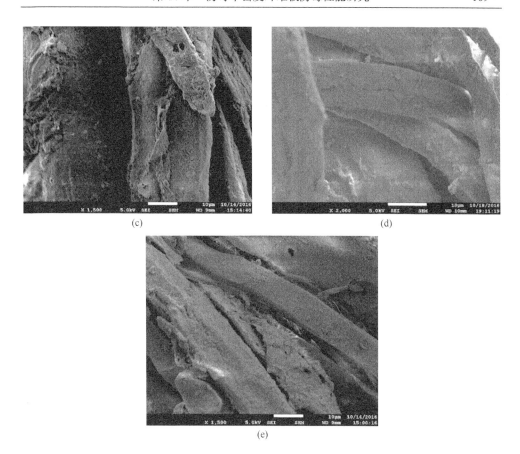

图 10.7　防霉中密度纤维板微观构造

添加 1%的 SR-A-103 与 MKT104 复配型防霉剂的中密度纤维板试样（b）、添加
4%和 5.5%水杨酰苯胺与多菌灵复配型防霉剂的中密度纤维板试样［图 10.7（c）
和图 10.7（d）］与添加 2.5%对枯基苯酚的中密度纤维板试样［图 10.7（e）］的纤
维表面及间隙中均未出现绿色木霉孢子。

10.3　本 章 小 结

（1）未添加防霉剂的空白中密度纤维板对黑曲霉和绿色木霉的生长几乎没有
抑制作用，但对绿色木霉生长的抑制作用略优于对黑曲霉生长的抑制作用。

（2）添加防霉剂的中密度纤维板试样对黑曲霉和绿色木霉的生长有一定的抑
制效果，防治效力随防霉剂添加比例的增加而增大，且防治效力随着培养时间的
延长而逐渐降低。

（3）当 SR-A-103 与 MKT104 复配型防霉剂的添加比例为 1%时，压制的防霉中密度纤维板防霉等级可达到 0 级，对黑曲霉和绿色木霉的防治效力均能达到 100%。

（4）当水杨酰苯胺与多菌灵复配型防霉剂的添加比例为 5.5%时，制备的防霉中密度纤维板防霉等级可达到 0 级，对黑曲霉的防治效力为 100%；当添加比例为 4%和 5.5%时，制备的防霉中密度纤维板防霉等级可达到 0 级，对绿色木霉的防治效力为 100%。

（5）当对枯基苯酚的添加比例为 2.5%时，压制的防霉中密度纤维板防霉等级可达到 0 级，对黑曲霉和绿色木霉的防治效力均能达到 100%。

（6）经扫描电子显微镜观察，防霉中密度纤维板试样上均无霉菌生长。

第 11 章　结论与展望

11.1　结　　论

将纳米材料引入木材改性领域制备功能型纳米木基复合材料对于促进木材高附加值利用具有重要的生态效益和应用价值。本书第 1～6 章以材料防霉性能为研究核心，以纳米 Ag/TiO_2 木基复合材料为研究对象，开展了纳米 Ag/TiO_2 防霉剂的制备、防霉机理及分散改性的研究，探究了超声波辅助浸渍法和真空浸渍法制备纳米 Ag/TiO_2 木基复合材料的工艺及表征，并深入探讨了纳米 Ag/TiO_2 木基复合材料的防霉性能及机制。本书第 7～10 章采用抑制率计算法与琼脂稀释法相结合的方法，对 4 种防霉剂进行筛选，将筛选出的防霉剂按一定比例与三聚氰胺改性脲醛树脂胶黏剂混合，再将混合防霉剂的胶黏剂均匀喷在干纤维上，经干燥、预压和热压等工序制成防霉中密度纤维板。本研究通过单因素试验研究了防霉剂种类及添加比例对三聚氰胺改性脲醛树脂胶黏剂性能的影响；通过将防霉剂按比例混合于胶黏剂中制备防霉中密度纤维板，并对其静曲强度、弹性模量、内结合强度、24 h 膨胀率、防霉性能进行了测试分析。主要结论如下：

（1）采用溶胶-凝胶法制备了锐钛矿相晶型的纳米 TiO_2 和纳米 Ag/TiO_2，其中纳米 Ag/TiO_2 较纳米 TiO_2 防霉效果更优；纳米 Ag/TiO_2 载银量为 1% 时防霉性能最高；光照时间对抗菌率影响显著，随着光照时间延长，抗菌率大幅提升；纳米 Ag/TiO_2 浓度与抗菌率呈正相关，随着纳米 Ag/TiO_2 浓度的增加，抗菌率有所提高；纳米 Ag/TiO_2 对黑曲霉和绿色木霉的最低抑菌浓度在自然光条件下分别为 0.125% 和 0.125%，在紫外光条件下分别为 0.125% 和 0.0625%。纳米 Ag/TiO_2 防霉机制是催化作用和协同作用共同的结果，一方面纳米 Ag 起到浅势捕获阱作用，提高纳米 TiO_2 光催化活性；另一方面由于纳米 Ag 本身就是一种高效抗菌剂，能够与纳米 TiO_2 抗菌效果相叠加。

（2）表面活性剂六偏磷酸钠（SHMP）和硅烷偶联剂 KH560 组成的复合改性剂能显著提高纳米 Ag/TiO_2 的分散性和稳定性，改性后粒径分布更加均匀，平均粒径减小了 25.74%，分散效果显著，Zeta 电位绝对值提高 3 倍，体系稳定。这是由于 SHMP 和 KH560 起到了协同效应，SHMP 产生静电稳定机制，使粒子间斥力增加，而 KH560 产生空间阻隔效应，形成位阻层，进一步提高分散稳定性。

（3）超声波辅助浸渍法制备的纳米 Ag/TiO_2 木基复合材料的载药量和抗流失

率显著提高，其中超声功率对抗流失率影响最显著，功率为 300 W 时，抗流失率比常压浸渍提高 7%；纳米 Ag/TiO$_2$ 浓度对载药量影响最显著，浓度为 2%，载药量提高了 60%。超声波辅助浸渍法处理后，纳米 Ag/TiO$_2$ 成功进入了木材内部并附着在细胞壁上，团聚现象减少，分散性显著增强，纳米 Ag/TiO$_2$ 与纤维素发生了氢键缔合作用，木材结晶度略有下降。纳米 Ag/TiO$_2$ 热稳定性增强，残灰率是素材的 2.2 倍，最大降解温度升高了 11.8℃。基于模糊数学综合评判得到超声波辅助浸渍法优化工艺参数为超声强度 150 W、纳米 Ag/TiO$_2$ 浓度 2%、超声时间 40 min。

（4）真空浸渍法制备的纳米 Ag/TiO$_2$ 木基复合材的载药量和抗流失率大幅提高。真空度对抗流失率影响显著，当真空度为–0.08 MPa 时，抗流失率提高了 9%；纳米 Ag/TiO$_2$ 浓度对载药量影响显著，浓度为 2%时，载药量提高了 3.2 倍。基于模糊数学综合评判得到真空浸渍法优化工艺参数为真空度–0.08 MPa、纳米 Ag/TiO$_2$ 浓度 2%、真空时间 20 min。

（5）超声波辅助浸渍法和真空浸渍法制备的纳米 Ag/TiO$_2$ 木基复合材料防霉效果显著提高，对霉菌的防治效果分别为 93.33%和 96.67%，较素材分别提高了 14 倍和 14.5 倍；表面附着的纳米 Ag/TiO$_2$ 质量分数分别为 15.33%和 15.23%，距端口 20 mm 处纳米 Ag/TiO$_2$ 质量分数分别为 1.05%和 0.97%。纳米 Ag/TiO$_2$ 主要附载于木材的微孔和介孔上，使木基复合材料的孔隙数量和总体积减小。表面润湿性和防水性显著提高，超声波辅助浸渍法和真空浸渍法制备的纳米 Ag/TiO$_2$ 木基复合材料表面接触角为 125.57°和 122.28°，与素材相比分别提高了 37.51%和 33.90%，抗胀缩率分别为 17.03%和 17.79%。纳米 Ag/TiO$_2$ 木基复合材料的防霉机理主要是由于纳米 Ag/TiO$_2$ 的杀菌抑菌性、阻隔霉菌侵染和提高防潮疏水性三方面的作用。

（6）硅藻纳米复合光触媒对黑曲霉和绿色木霉的生长均有一定的抑制效果，但效果不佳；而日本引进的 SR-A-103 与 MKT104 复配型防霉剂、水杨酰苯胺与多菌灵和对枯基苯酚对黑曲霉和绿色木霉的生长均有很好的抑制效果，其抑制率均能达到 99%以上。

（7）SR-A-103 与 MKT104 复配型防霉剂、水杨酰苯胺与多菌灵和对枯基苯酚及其添加比例对脲醛树脂胶黏剂的外观影响不大，添加防霉剂后胶黏剂的 pH 略有降低，黏度和固化时间稍有增加。通过 XRD、FTIR、TG 测试分析，防霉剂的添加未使胶黏剂固化结晶结构和降解特性发生变化，且防霉剂与胶黏剂未发生化学反应，可用于防霉中密度纤维板的压制。

（8）防霉剂的种类及添加比例对中密度纤维板的物理力学性能有一定的影响，但添加防霉剂后中密度纤维板的物理力学性能均能达到室内型中密度纤维板的质量标准。

（9）SR-A-103 与 MKT104 复配型防霉剂添加比例为 1%、水杨酰苯胺与多菌灵添加比例为 5.5%时，防霉中密度纤维板各物理力学性能均能达到室内型中密度纤维板的质量标准，且对黑曲霉和绿色木霉的防治效力可达 100%。

（10）对枯基苯酚的添加比例为 2.5%时，防霉中密度纤维板各物理力学性能均能达到室外型中密度纤维板的质量标准，且对黑曲霉和绿色木霉的防治效力可达 100%。

11.2 展   望

（1）研究纳米 Ag/TiO_2 作用下的黑曲霉菌和绿色木霉菌的细胞构造变化和代谢过程，进一步深入剖析反应机制。

（2）开展纳米 Ag/TiO_2 木基复合材料的制备优化研究，可尝试采用超临界、加压浸渍和微波等木材改性方法制备纳米 Ag/TiO_2 木基复合材料。

（3）研究 N、Cu、Zn 等元素的纳米 TiO_2 复合材料制备及防霉性能，探究制备更优的纳米复合材料。

（4）在中密度纤维板的热压过程中，防霉剂的化学成分是否发生变化，如发生了变化，是否会危害人畜健康。

（5）本研究所选用的防霉剂是否会受到环境、人为因素等影响，出现防霉能力减弱的现象，其防霉效果可以持续多久。

（6）是否可以将本研究采用的防霉剂改性为水性液体防霉剂，从而更加有利于中密度纤维板等人造板的防霉处理。

（7）本研究主要针对中密度纤维板素板进行防霉处理，还可对中密度纤维板饰面板的防霉处理做进一步探究，从而进一步提高中密度纤维板的防霉性能。

索　引